Artur Kupsch

Entwicklung einer Lehrkräftefortbildung zu digitalen Fertigungsprozessen unter Verwendung von Siemens NX

AF814070

Artur Kupsch

Entwicklung einer Lehrkräftefortbildung zu digitalen Fertigungsprozessen unter Verwendung von Siemens NX

Lehrbuchverlag

Imprint
Any brand names and product names mentioned in this book are subject to trademark, brand or patent protection and are trademarks or registered trademarks of their respective holders. The use of brand names, product names, common names, trade names, product descriptions etc. even without a particular marking in this work is in no way to be construed to mean that such names may be regarded as unrestricted in respect of trademark and brand protection legislation and could thus be used by anyone.

Cover image: www.ingimage.com

Publisher:
Der Lehrbuchverlag
is a trademark of
International Book Market Service Ltd., member of OmniScriptum Publishing Group
17 Meldrum Street, Beau Bassin 71504, Mauritius

Printed at: see last page
ISBN: 978-620-0-44500-1

Copyright © Artur Kupsch
Copyright © 2019 International Book Market Service Ltd., member of OmniScriptum Publishing Group

Kurzfassung

Durch die wachsende Digitalisierung der Industrie hat sich der Qualifizierungsbedarf der Auszubildenden verändert. Seit August 2018 gelten daher neue Rahmenlehrpläne für die Ausbildung in Metallberufen mit einer stärkeren Orientierung zu „Lernen im digitalen Wandel". Die Lehrkräfte des dualen Ausbildungssystems als Partner der Betriebe sind verpflichtet, sich dahingehend fortzubilden und neue Inhalte in ihrer unterrichtspraktischen Tätigkeit zu berücksichtigen.

In dieser Abschlussarbeit wird eine Lehrkräftefortbildung zu digitalen Fertigungsprozessen im Bereich der zerspanenden Fertigung konzipiert. Dazu wird der digitale Wandel der industriellen Produktion untersucht und auf die didaktisch-methodischen Anforderungen des Berufsschulunterrichts übertragen. Diese Inhalte werden mit den entsprechenden Rahmenbedingungen für eine Lehrkräftefortbildung weiterentwickelt. Praktisch kommt darin die Software *Siemens NX* mit umfangreichen Anwendungen für die rechnergestützte Fertigung zum Einsatz.

Das Ziel ist es, in Bezug zum aktuellen Forschungsstand, eine ergiebige und motivierende Lehrkräftefortbildung mit einem geeigneten Lehr-Lern-Arrangement durchzuführen. Die Erprobung ermöglicht das wissenschaftliche Evaluieren der eingesetzten Methoden und deren Umsetzung.

Inhaltsverzeichnis

Verzeichnis der verwendeten Abkürzungen und Symbole

Verwendete Abkürzungen

Abkürzung	Bedeutung
CAD	Computer-Aided-Design
CAE	Computer-Aided-Engineering
CAM	Computer-Aided-Manufacturing
CAP	Computer-Aided-Planning
CAQ	Computer-Aided-Quality Assurance
CIM	Computer-Integrated-Manufacturing
CNC	Computerized Numerical-Control
ERP	Enterprise-Resource-Planning
GUI	Graphical-User-Interface
IBM	International Business Machines Corporation
KMK	Kultusministerkonferenz
MCI	Mensch-Computer-Interaktion
PDM	Product-Data-Management
PLM	Product-Lifecycle-Management

1 Einführung

Die Berufsschulen haben den Auftrag zur Förderung der allgemeinen Bildung und Persönlichkeitsentwicklung, wie auch die Qualifizierung zur Ausübung eines staatlich anerkannten Ausbildungsberufs [MSB18, S. 21]. Mit Blick auf die Digitalisierung verändern sich die Ausbildungsberufe durch neue Technologien [KMK17, S. 7]. Seit etwa 10 Jahren liegen weltweit nahezu alle gesammelten Informationen digital vor [Hil11, S. 6]. Mit der Verknüpfung dieser Informationen durch Kommunikationstechnik werden Betriebsabläufe und Fertigungsprozesse neu organisiert. Damit ändern sich einzelne Ausbildungstätigkeiten oder ganze Berufsbilder [Hir+18, S. 17].

Um diesen Entwicklungsprozess aufzunehmen, müssen Berufsschulen aktiv mit einbezogen werden [KMK17, S. 8]. Dazu sind die Rahmenlehrpläne der industriellen Metall- und Elektroberufe in einer Teilnovellierung überarbeitet worden und im August 2018 in Kraft getreten. Die Vorgaben formulieren ein „Lernen im digitalen Wandel" [MSB18, S. 6] und konkret den Einsatz von digitalen Fertigungssystemen in den Fachklassen der Metallberufe [MSB18, S. 24]. Zu diesen Systemen zählen alle computerunterstützten Technologien, sogenannte CAx-Technologien[1], die in verschiedenen Produktlebenszyklen genutzt werden. Hier reiht sich auch die Softwarelösung *NX* von *Siemens* ein [Gri10, S. 31].

Das Ministerium für Schule und Bildung folgt damit dem stetigen Wandel von Technologie und Beruf. Die Pflicht der Lehrkräfte ist es, diese neuen Inhalte und Tätigkeiten zu berücksichtigen und sie in den Berufsschulunterricht zu übertragen [MSB05, §29 (1)]. Somit müssen auch Lehrkräfte ihre Kompetenzen ständig ausbauen und ihre Fähigkeit zum lebenslangen Lernen aufrechterhalten [KOM01, S. 5]. Der berufspraktische Schulalltag bietet viele Möglichkeiten hierzu. Innovativem Fortschritt stehen oft nur zeitliche Ressourcen und fehlende Anreize für kontinuierliches Engagement entgegen [Grä+17, S. 169]. Daher ist grundlegend die Frage zu klären, welche Aspekte für eine ergiebige und motivierende Lehrkräftefortbildung wichtig sind.

Zu den grundlegenden Aspekten gehört auch die Frage, welche Methoden sich für die Ausbildung an digitalen Systemen eignen. Im Gegensatz zu traditionellen Fachbereichen gibt es noch sehr wenige Studien mit Blick auf den lernförderlichen Einsatz von neuen Technologien [Lad+18, S. 110]. Aufgrund fehlender Fachdidaktik erfahren auch

---

[1] Abk. CAx, für engl. Computer-Aided mit „x" als Platzhalter

Lehramtsstudierende an Hochschulen unterschiedlichste Konzeptionen, was Untersuchungen aus dem Jahr 2015 zeigen [Hon15, S. 261].

Der Einsatz von digitalen Systemen beruht auf einer Mensch-System-Interaktion, dessen Schnittstellendesign und zugehörige Benutzeroberfläche wichtige Ansätze für eine Anwendung sind. Zudem sind systemintegrierte Hilfestellungen, Anleitungen sowie das Training im Umgang wichtige Unterstützungsmaßnahmen für den Endnutzer [Leh97, S. 9-11]. Unter Berücksichtigung dieser Informationen müssen Lehrkräfte Lehr- und Arbeitshilfen für die novellierten Lernfeldinhalte erstellen.

In Bezug auf den aktuellen Forschungsstand wird mit dieser Arbeit eine Lehrkräftefortbildung für digitale Fertigungsprozesse entwickelt und ihre Wirksamkeit an einer explorativen Lerngruppe evaluiert. Dabei wird der Einsatz der neuen Systemoberfläche von *NX* für den Berufsschulunterricht zum tragenden Thema der Fortbildung. Mit Hilfe verschiedener Funktionen der Software *Siemens NX* erlernen die teilnehmenden Lehrkräfte moderne Technologien und parallel geeignete Methoden für entsprechende Lernarrangements kennen. Zu Beginn wird die Bedeutung der Lehrkräftefortbildung auf die industrielle Beziehung gegründet. Diese ergibt sich aus den Anforderungen der neuen Bildungspläne im Kontext der digitalisierten Arbeitswelt.

2 Berufsschule im Kontext moderner Fertigungsprozesse

Die Bedeutung der Bildung erfuhr seit dem 18. Jahrhundert viele Veränderungen [Ten06, S. 19]. Handel und Industrie hatten schon bedeutende Rollen im Zusammenhang mit einigen Schulreformen [Iml+18, S. 30]. In den vergangenen 200 Jahren hat sich dabei der Schwerpunkt beruflicher Bildung in den gewerblich-technischen Schulen immer wieder gewandelt. Schließlich führte die Neuorientierung beruflichen Unterrichts in den 1990er Jahren zu einem wichtigen didaktischen Modellwechsel. Gründe waren der technisch produktive Rückgang einfacher handwerklicher Tätigkeiten und die Zunahme abstrakter, steuernder Arbeit [Ten06, S. 25]. Mit dem eingeführten Kompetenz-Konzept sollte nun die berufliche Bildung eine umfassende Handlungskompetenz vermitteln, „die sich in der Fähigkeit und Bereitschaft der Schülerinnen und Schüler erweist, die erworbenen Fachkenntnisse und Fertigkeiten sowie persönlichen, sozialen und methodischen Fähigkeiten direkt im betrieblichen Alltag in konkreten Handlungssituationen einzusetzen" [MSB18, S. 10].

In den vergangenen Jahren ist die industrielle Systemkomplexität durch Softwareintegration und drahtlose Vernetzung weiter gewachsen [Sen13, S. 17]. Dadurch haben sich auch neue Herausforderungen im beruflichen Handeln entwickelt.

2.1 Digitalisierung der Industrie

Im Dialog über die industrielle Zukunft ist „digital" zum unvermeidbaren Attribut im Sprachgebrauch geworden. Sie soll gänzlich neue und unbekannte technologische Potenziale mit großartigen sozialen und ökonomischen Folgen bieten [Hir+18, S. 13]. Autoren der Wirtschaft stellen in Deutschland eine „große, grundlegende Umwälzung" dar, die sogenannte vierte industrielle Revolution. Auch als Industrie 4.0 bekannt, stellt sie eine vollständige Durchdringung der Industriegüter und Dienstleistungen mit vernetzter Software dar. Die in dieser Debatte entstandenen Wortschöpfungen sind Marketingbegriffe, die spätestens mit den Umsetzungsempfehlungen an die Bundesregierung im Oktober 2012 eine breite öffentliche Plattform gefunden haben [Sen13, S. 5-6]. Als Marketingbegriff fehlt der Industrie 4.0 die wissenschaftliche Grundlage. Ihr werden gesellschaftspolitisch spektakuläre Veränderungen und Entwicklungsperspektiven zugesprochen, die einen technikoptimistischen Charakter aufweisen [Hir+18, S. 14]. Dabei hatte die Ära der digitalen Produkte schon mit der ersten Landung auf dem Mond 1969 ihre Blütezeit. Und auch vorher hat die militärische Forschung im Kalten Krieg enorme finanzielle Mittel aufgebracht, um vernetzte Computertechnik einzusetzen [Gri10, S. 17]. Der Bundesverband der Deutschen Industrie[2] beschreibt grundsätzlich keine neuen technologischen Errungenschaften mit der Industrie 4.0, sondern lediglich Chancen und Vorteile, die sich mit einer stärkeren Vernetzung von Dingen und Diensten in Systemen ergeben können.

Die Digitalisierung verändert tatsächlich die sozioökonomischen Strukturen der Arbeit in vielen Bereichen und wird es mit fortschreitender Entwicklung weiter tun [Hir+18, S. 15]. Den Protagonisten muss auch darin zugestimmt werden, dass die Digitalisierung in ihrer hoch flexiblen Vernetzung virtueller Daten mit realen Fertigungsprozessen mehr Möglichkeiten für die Planung, Steuerung und die Organisation von Fertigungsabläufen bietet.

2.1.1 Digitale Fertigungsprozesse

Der Begriff der Digitalen Fertigungsprozesse ist angelehnt an das Schlagwort der 1980er Jahre CIM (Computer Integrated Manufacturing), das zu Deutsch rechnerintegrierte Fertigung heißt [Gri10, S. 21]. CIM ist ein Sammelbegriff für Fertigungsprozesse, die durch den Computer unterstützt werden und heute durch das strategische Konzept PLM (Product-Lifecycle-Management) ersetzt wurde. Deren einzelne Bausteine sind die CAx-Systeme, die für alle rechnergestützten Prozesse stehen und alle technischen Bereiche abdecken, die bei der Entstehung eines neuen Produktes notwendig sind [Heh11, S. 132].

Mit den einzelnen CAx-Werkzeugen ist die Schwierigkeit verbunden, einen durchgängigen Datenfluss weitgehend automatisiert zu ermöglichen und dabei interne und globale Unternehmensbereiche zu integrieren. Zudem sollen Daten auch über den Produktlebenszyklus hinaus bereichsspezifisch archiviert und vor nicht autorisierten Zugriffen geschützt werden. Dieses Konzept verfolgt das PLM [Sen13, S. 16]. Es kombiniert Fertigungsprozesse mit dem Produktlebenszyklus und organisiert die Datenverwaltung und Kommunikation mittels Produktdatenmanagement (PDM). In der Digitalisierung der Fertigungsprozesse wird damit nicht nur das Produkt selbst und die Fertigung vollständig am Computer erzeugt, sondern auch alle relevanten Produkt- und

[2] https://bdi.eu/themenfelder/digitalisierung/industrie-40/#/artikel/news/was-ist-industrie-40/

Fertigungsdaten für alle technischen und organisatorischen Stellen verwaltet [Gri10, S. 21]. Diese Strategie soll zu einer Produktivitätssteigerung führen und Wettbewerbsvorteile durch kürzere Markteinführungszeiten neuer Produkte erzielen. Durch Ressourcen- und Energiekosteneinsparung kann zudem bei gleichbleibender Qualität der Bruttoertrag gesteigert werden [Sen13, S. 25]. Eine Übersicht über eingesetzte Systeme zeigt dazu Abb. 1.

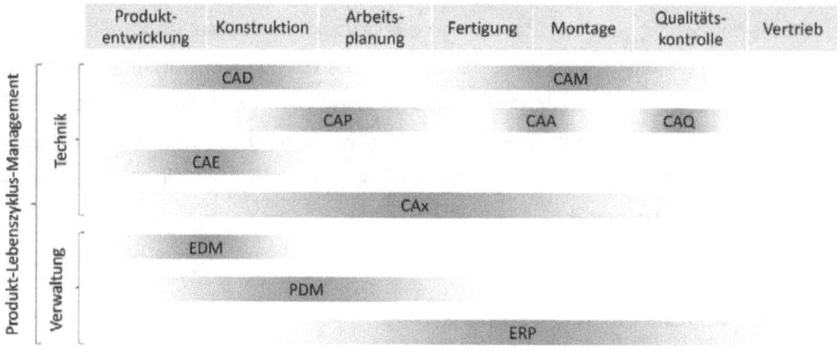

Abb. 1: Einsatzgebiete von CAx-Systemen

Numerisch gesteuerte Werkzeugmaschinen (NC-Maschinen) gab es schon vor den 1970er Jahren. Als sich dann die computerunterstützte Konstruktion (CAD) und die computergesteuerte Fertigung (CNC) entwickelte, stand schon das Ziel der Integration dieser Einzellösungen im Raum. Ein ausschließliches CAD-System, das nicht an eine automatische Fertigung gebunden ist, galt als unwirtschaftlich, da es sich nicht amortisieren konnte [Gri10, S. 248]. Mit zusätzlicher computerunterstützter Fertigungsvorbereitung (CAM) ist die Prozesskette zu einem Gesamtsystem gewachsen, in der Daten von einer Applikation ohne Anpassung in die nächste übertragen werden können. Diese sogenannte CAD/CAM-Prozesskette entspricht dem ursprünglichen Leitbild der CIM und wird heute durch weitere Systemfunktionen integriert [Wes+13, S. 47-48]. Die CAD-Konstruktion ist heute durch ihren Nutzen auch als Insellösung lohnend, während die vollautomatische Fertigung weiterhin nur ansatzweise und in einzelnen Fertigungsbereichen erreicht werden kann. Dies gilt in der Blechverarbeitung und vor allem in dem Modell- und Formenbau. Mit einer leistungsfähigen CAD/CAM-Prozesskette ist hier eine Produktivitätsverbesserung von über 60 Prozent möglich, zumal die Fertigung für komplexe 3D-Geometrien ohne CAD/CAM nicht mehr auskommt [Gri10, S. 248-251].

Der Ablauf einer solchen digitalen Fertigungsprozesskette kann bei Bedarf innerhalb eines Systems mit zusätzlicher computerunterstützter Entwicklung (CAE) und Planung (CAP) erweitert werden. Das nachfolgende Bild zeigt den Informationsfluss vom Produktentwurf bis zu der Fertigstellung (Abb. 2).

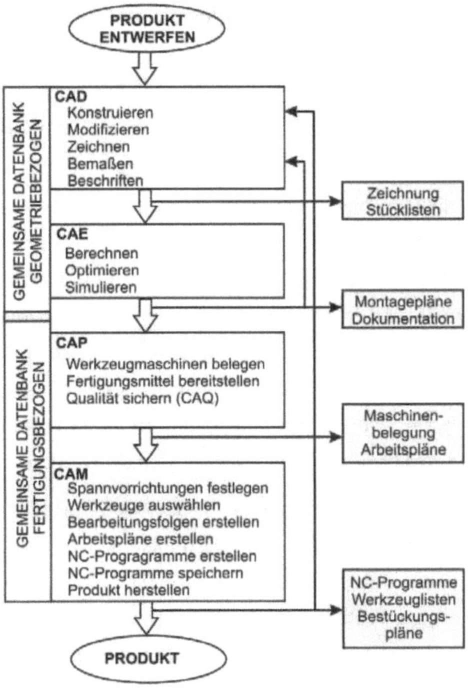

Abb. 2: Prozesskette der digitalen Entwicklung und Fertigung [Heh11, S. 122]

Neue Softwaresysteme versuchen diese Prozesskette weiter zu automatisieren. Ein Beispiel aus der Medizintechnik ist die Fertigung von personalisierten künstlichen Gelenken. Überwiegend werden Standardimplantate mit begrenzter Auswahl an Größe und Form eingesetzt. Durch einen automatisierten Prozessfluss können jedoch 3D-Daten eines Patienten aus einer Computertomographie oder Magnetresonanz-Tomographie über ein CAM-System innerhalb einer halben Stunde direkt Steuerungsdaten an eine Fräsmaschine weiterleiten [Sen13, S. 27]. Diese automatisierte Fertigung funktioniert nur mit Werkzeugmaschinen, die entsprechende Automatisierungs- und Antriebstechnik verknüpfen.

2.1.2 Virtuelle Werkzeugmaschinen

Um kürzere Bearbeitungszeiten, höhere Oberflächengüten und längere Werkzeugstandzeiten zu erreichen, werden Werkzeugmaschinen immer komplexer. So wächst auch die Bedeutung von 5-Achs-Simultanfräsen, deren Technologie nur mit einem CAD/CAM-System vollständig genutzt werden kann [Heh11, S. 160]. Hierbei werden bis zu fünf Freiheitsgrade einer Werkzeugbewegung zu einem Bauteil zeitgleich angesteuert, um aufwendige Fräsbahnen zu erzeugen. Mit der anspruchsvollen Programmierung der 5-Achs-Bewegung bei der zerspanenden Bearbeitung steigt jedoch auch die Gefahr von kapitalen Schäden durch Fehler.

Um den Umfang digitaler Fertigungsdaten weiter auszuschöpfen, verzahnt die computergestützte Produktentwicklung und Fertigung auch die virtuelle Produktion [Wes+13, S. 94]. Sie simuliert den Fertigungsprozess auf einer sogenannten virtuellen Maschine und ermöglicht es, die Fertigung realitätsnah und zuverlässig im Voraus zu testen. Im Zuge dessen sinkt die Gesamtbearbeitungszeit und Fehlproduktion bei Neuteilen, da kritische Fertigungsschritte verifiziert werden können. Die Simulationstechnik ist damit auch ein Planungsinstrument, um die Produktivität einer Werkzeugmaschine zu erhöhen und Prozesse zu optimieren [Sen13, S. 26].

Die Simulation dient dabei nicht nur der Kollisionsüberprüfung zwischen Werkzeug, Werkstück und weiteren physischen Systemelementen, sondern kann, in der CAD/CAM-Prozesskette integriert, weiteren Nutzen bringen. Wenn zum Beispiel bei der virtuellen Fertigung Probleme durch das CAD-Modell festgestellt werden, können durch weniger streng hierarchisch organisierte Daten innerhalb eines Softwaresystems rekursiv geometrische Anpassungen vorgenommen werden. [Sen13, S. 116].

2.1.3 Integrierte Softwarelösungen

In einigen Industriezweigen wird durch den Gesetzgeber oder durch bracheninterne Normen und Richtlinien eine vollständige Dokumentation bei der Herstellung von Produkten und beim Einsatz von Maschinen gefordert. Dies gilt für alle Sektoren mit sicherheitsrelevanten Teilen und Komponenten, von der Luftfahrt- bis zur Lebensmittelindustrie [Wes+13, S. 147]. In den 1970er Jahren entwickelte *IBM*[3] mit *COPICS* (Abk. für Communications Oriented Production Information and Control System) bereits Strategien, um Datenverarbeitungssysteme in der Produktion zu integrieren

[3] IBM - International Business Machines Corporation, US-amerikanisches IT- und Beratungsunternehmen

[Wes+13, S. 72]. Die dokumentierte Datenvernetzung von der Konstruktion bis zur Fertigung, die damals noch mit Hilfe von Blaupausen geschah, ist heute durch industrielle PLM-Software und leistungsfähige Hardware möglich. Innovatives PLM integriert rechnergestützte Anwendungen in alle relevanten Produktentwicklungs- und Produktionsprozesse [Sen13, S. 30].

Bei einer rechnergestützten Anwendung handelt es sich allgemein um eine Softwarelösung, die genutzt wird, um gewünschte Aufgaben eines Benutzers zu bearbeiten oder ihn dabei zu unterstützen [Fis+11, S. 44, 49]. Der Anwender tritt dabei über eine Schnittstelle in Interaktion mit dem Computer, was allgemein als Mensch-Computer-Interaktion (MCI) bezeichnet wird [Eck15, S. 10].

In den vergangenen Jahrzehnten entwickelten verschiedene Anbieter umfangreiche Softwarelösungen im Bereich PLM. In einigen Nischenmärkten sind auch viele kleinere oder lokale nach wie vor stark vertreten. Im internationalen Maschinen- und Anlagenbau hingegen haben sich die beiden Anbieter *Dassault Systèmes* und *PTC* bei den großen Unternehmen positioniert, während *Siemens* mit intensiven Bemühungen auch in diesen Markt dringt. Der Kern des PLM von *Dassault Systèmes* ist die *CATIA*-Produktfamilie, bei *PTC* ist es das Softwarepaket *CREO*, ehemals *Pro/Engineer* [Gri10, S. 31-32].

2.2 Berufsschulen im industriellen Kontext

Die beiden Hauptbereiche beruflichen Unterrichts unterteilen sich in allgemeine Fächer (Politik, Deutsch, usw.) und berufliche Fächer. Als Erklärung für die Struktur des Berufsschulunterrichts gibt es in ihrer Entstehungsgeschichte unterschiedliche Ansätze. Wollte sich die Berufsschule von den Betrieben differenzieren, ist die Übertragung des Fächerprinzips allgemeinbildender Schulen auf die beruflichen Inhalte konsequent. Hat sie sich hingegen an den Betrieben orientieren wollen, ist von einer ingenieurswissenschaftlichen Gliederung der Fachinhalte auszugehen [Ten06, S. 65].

Heute sieht sich die Berufsschule als gleichberechtigte Partner der Ausbildungsbetriebe, die berufsbezogene sowie berufsübergreifende Handlungskompetenz vermitteln will. Sie soll die Schülerinnen und Schüler zur beruflichen, aber auch privaten und gesellschaftlichen Handlungsfähigkeit befähigen [MSB18, S. 8].

Tatsächlich sieht sich die Industrie aber häufig in der Position, der Wissenschaft und der Politik vorzugeben, welche Mitarbeiter sie für ihre wirtschaftliche Zukunft braucht.

Und wo nötig leistet sie ihren Beitrag, indem sie ihre Erfahrungen an die Auszubildende weitergibt und Fortbildungsmaßnahmen anbietet [Sen13, S. 18].

In der Technik hat das Erfahrungswissen über prozedurale Vorgänge einen hohen Wert. Für das Verständnis von naturwissenschaftlichen Gesetzmäßigkeiten und Zusammenhängen bleibt aber ein Grundwissen der schulischen Ausbildung erforderlich. Damit können erst viele Erfahrungen aus dem beruflichen Handeln interpretiert und weiter genutzt werden. Um die Ausbildung der Schülerinnen und Schüler optimal zu gestalten, soll die didaktische Jahresplanung daher „[...] soweit möglich gemeinsam mit dem dualen Partner entwickelt werden. Zumindest ist es erforderlich, den dualen Partnern die geplante Kompetenzförderung ihrer Auszubildenden in der Berufsschule transparent zu machen." [MSB18, S. 11]

2.2.1 Lernfeldkonzept und handlungsorientierter Unterricht

Die beruflichen Fächer in den Fachklassen des dualen Systems sind oft sehr unscharf voneinander getrennt [Ten06, S. 65]. Damit der unterschiedliche Unterricht und Stil der verschiedenen Lehrkräfte nicht mosaikartig zu einem unübersichtlichen theoretischen Konstrukt für die Lernenden wird, ist das Konzept des handlungsorientierten Unterrichts in den Lernfeldern abzubilden [KMK15, S. 3].

Der handlungsorientierte Unterricht ist eine Reaktion auf betriebliche Forderungen an den Berufsschulunterricht. Er basiert auf moderner Lernforschung und soll die Trennung von Schultheorie und Berufsalltag aufheben [Sei08, S. 103]. „Handlungsorientierter Unterricht ist fächerübergreifend und befasst sich mit komplexen beruflichen Problemstellungen, welche von den Schülerinnen und Schülern theoretisch erschlossen und praktisch umgesetzt werden müssen", formuliert *Tenberg* [Ten06, S. 67]. So sollen umfassende Kompetenzen der Schülerinnen und Schüler für den betrieblichen Alltag und für zukünftige Anforderungen erworben werden.

Handlungsorientierung ist nach Definition der KMK [MSB18, S. 23] durch folgende Punkte gekennzeichnet:

- „Didaktische Bezugspunkte sind Situationen, die für die Berufsausübung bedeutsam sind (Lernen für Handeln).
- Den Ausgangspunkt des Lernens bilden Handlungen, möglichst selbst ausgeführt oder aber gedanklich nachvollzogen (Lernen durch Handeln).

- Handlungen müssen von den Lernenden möglichst selbstständig geplant, durchgeführt, überprüft, ggf. korrigiert und schließlich bewertet werden.
- Handlungen sollten ein ganzheitliches Erfassen der beruflichen Wirklichkeit fördern, z.B. technische, sicherheitstechnische, ökonomische, rechtliche, ökologische, soziale Aspekte einbeziehen.
- Handlungen müssen in die Erfahrungen der Lernenden integriert und in Bezug auf ihre gesellschaftlichen Auswirkungen reflektiert werden.
- Handlungen sollen auch soziale Prozesse, z.B. der Interessenerklärung oder der Konfliktbewältigung, einbeziehen."

Die zugehörigen beruflichen Handlungsfelder definieren Lehrplangremien auf KMK-Ebene in Zusammenarbeit mit Betrieben und Experten im Fachbereich Technik und Naturwissenschaften. Handlungsfelder sind mehrdimensionale Aufgabenkomplexe, die eine reale Bildungsrelevanz haben [Ten06, S. 69]. Sie werden je nach Ausbildungsberuf unterschiedlich durchdrungen [MSB18, S. 14]. In welchem Ausmaß ein Handlungsfeld in die tatsächliche Ausbildung mit einfließt, entscheidet sich bei deren Übertragung in berufsbezogene Lernfelder. Bei der Konzeption werden Handlungsfelder in Lernfelder übersetzt, angeordnet und ausformuliert, so dass sie qualitativ und quantitativ ein erforderliches Berufsbild erfüllen [Ten06, S. 70]. Daraus resultieren Rahmenlehrpläne für die entsprechende Berufsqualifikation an den Berufsschulen [KMK07, S. 5]. Die Lernfelder sind darin nach didaktischen und organisatorischen Aspekten über die Ausbildungsjahre mit inhaltlichen und zeitlichen Rahmenvorgaben verteilt, wie in Abb. 3 nachfolgend dargestellt ist.

Handlungsfelder	1	2	3	4	5	6		
Lernfeld 1			X	X		X	Bündelungsfach	1. Ausbildungsjahr
Lernfeld 2	X	X	X	X				
Lernfeld 3				X	X	X		
Lernfeld ...							Bündelungsfach	
Lernfeld n								

Abb. 3: Beispielmatrix eines Lernfeldkonzepts über den Ausbildungsverlauf

Trotz vieler konkreter Vorgaben in den Rahmenlehrplänen, gelten Freiräume bei der schulischen Umsetzung in der Bildungsplanarbeit. Lernfelder sind in einzelne Lehr-Lern-Arrangements zu übertragen, sogenannte Lernsituationen, die „die jeweilige Lerngruppe, die konkreten schulischen Rahmenbedingungen und den Gesamtrahmen der Didaktischen Jahresplanung berücksichtigen sollen" [MSB18, S. 49]. Zur Umsetzung legt sie keine Methodik fest und lässt verbundene fach- und handlungssystematische Strukturen zu [MSB18, S. 23]. In welchem Verhältnis die Fachsystematik und Handlungssystematik eingesetzt werden sollte, ist oft Grundlage von Diskussionen zur Methodik [Bac+16, S. 123]. Sicher ist, dass Fach- und Handlungssystematik nicht gegensätzlich sind, da sie sich wechselseitig bedingen. Die Fachsystematik kann eine Handlungssystematik ergänzen oder ihr als wichtige Basis für die Anwendung dienen.

Weniger Freiheiten lassen die Rahmenlehrpläne in ihrer inhaltlichen Struktur zu. Um einen bundesweiten Standard für anerkannte Ausbildungsberufe zu gewährleisten, sind sie für den Unterricht im dualen System der Berufsausbildung unverändert oder in angepassten Lehrplänen der Länder verbindlich vorgegeben [MSB05, §29 (1)]. Sie werden regelmäßig auf ihre inhaltliche Relevanz durch die Kultusministerkonferenz (KMK) geprüft und gegebenenfalls überarbeitet.

2.2.2 Teilnovellierung der Rahmenlehrpläne für Metallberufe

Um die Potenziale der Digitalisierung auszuschöpfen und die Schülerinnen und Schüler für die Digitalisierung auszurüsten, bemüht sich die Kultusministerkonferenz (KMK) mit der Strategie „Bildung in der digitalen Welt" um eine zukunftsfähige Berufsausbildung.

Beim Einsatz digitaler Technologien wird auch die deutsche Leitindustrie wie der Maschinen- und Anlagenbau in den nächsten Jahren deutlich aufholen müssen [Hir+18, S. 145]. Zu erwarten ist laut Studien von Bitkom und dem Fraunhofer IAO, dass die Industrie bis 2020 ihre Investitionen in Industrie 4.0 verdoppelt und bis 2025 so die Bruttowertschöpfung im Maschinen- und Anlagenbau um 30 Prozent steigern kann [Sta18, S. 41-42]. Laut aktuellen Berichten[4] werden dazu im Jahr 2019 durch die Digitalisierung 40.000 neue Stellen in der IT geschaffen. Im vergangenen Jahr hat der Markt den Angaben zufolge schon die Prognosen für 2018 übertroffen.

Um diese Prognosen zu erreichen, werden in allen Phasen der Fertigungsprozesskette Mitarbeiter gebraucht, die diese Entwicklung systematisch mittragen. Die Gestaltung

[4] https://www.bitkom.org/Themen/Bitkom-Branche-schafft-40000-zusaetzliche-Jobs

zukünftiger Arbeitsplätze wird sich jedoch nicht nur in den IT-Anwendungen verändern. Die Veränderung führt zu Herausforderungen in allen Bereichen zwischen menschlichem Arbeitshandeln und Maschinen. Gekennzeichnet wird diese nach empirischen Untersuchungen durch eine wachsende Automatisierung von Produktionssystemen, durchgehende Vernetzung und Informationstransparenz, Selbststeuerung und Entscheidungsfindung von Objekten, digitale Kommunikation und interaktive Managementfunktionen sowie eine Flexibilisierung des Mitarbeitereinsatzes [Hir+18, S. 188]. Aus diesen fünf genannten Parametern werden Qualifikationsanforderungen abgeleitet, die überwiegend schon seit den 1990ern Gegenstand von Curricula und Ausbildung sind, aber nun unterschiedlich stark an Bedeutung gewonnen haben [Hir+18, S. 189]. Neu hinzugekommen sind einige fachlich-methodische Kompetenzen, wie die informationstechnischen Kenntnisse, das Verständnis für Mensch-System-Interaktion und die grundlegende Fähigkeit zur Datenanalyse und -interpretation [Hir+18, S. 190].

Vergleicht man dazu die Einschätzung der Betriebe über ihre Auszubildenden, zeichnet sich ebenfalls Handlungsbedarf ab. Laut einer Studie des *DIHK* wird die Medienkompetenz bis auf den Umgang mit Social Media überwiegend auf Basisniveau oder deutlich darunter eingeschätzt [Sta18, S. 18].

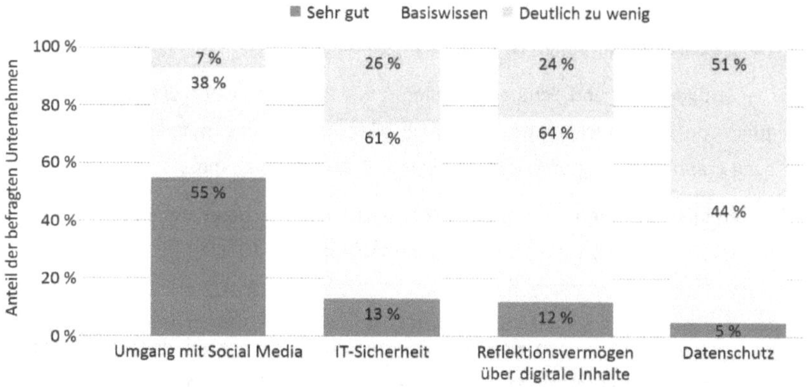

Abb. 4: Einschätzung der Medienkompetenz von Auszubildenden [Sta18, S. 18]

Die KMK hat daher durch Teilnovellierung die Rahmenlehrpläne der Metallberufe mit digitalen Kompetenzen ergänzt und die Ausbildungsordnung durch Zusatzqualifikationen erweitert. Diese Rahmenlehrpläne sind mit dem 01. August 2018 in Kraft getreten

[MSB18, S. 3]. Bezogen auf den Zerspanungsmechaniker/-in sind einige wichtige Änderungen zu digitalen Fertigungsprozessen in der nachfolgenden Tabelle dargestellt.

Tab. 1: Auszug aus neuem Rahmenlehrplan [vgl. MSB18]

Zerspanungsmechaniker/-in	
Zielformulierung seit 01.08.2018 (Änderungen rot gekennzeichnet]	Lernfeld
Sie beachten die Bestimmungen des Arbeits- und des Umweltschutzes und berücksichtigen die Bestimmungen des Urheberrechts.	LF 1
Sie erstellen und ändern Teilzeichnungen und die dazugehörigen Arbeitspläne auch mit Hilfe von Anwendungsprogrammen zum rechnerunterstützten Zeichnen.	LF2
Sie verwenden aktuelle Anwenderprogramme zum Erstellen von Rüst- bzw. Einrichteplänen.	LF5
Sie nutzen die Möglichkeiten von Diagnosesystemen und interpretieren Funktions- und Fehlerprotokolle, auch durch Ferndiagnose.	LF6
Die Schülerinnen und Schüler bereiten auftragsbezogen einen rechnergestützten Fertigungsprozess vor, organisieren und überwachen auch unter Anwendung eines MES, den Fertigungsablauf. Dabei berücksichtigen sie die Anforderungen rechnergestützter Fertigung. Die Schülerinnen und Schüler erstellen CNC- Programme für die Fertigung von Werkstücken mit komplexen Geometrien und nutzen dazu auch graphische Programmiersysteme und CAD-CAM Systeme. Sie simulieren, ändern, optimieren, speichern und übertragen die erstellten Programme und testen den Programmablauf.	LF11

Neben diesen Änderungen weist der Rahmenlehrplan mehrfach darauf hin, dass Aufgabenlösungen auch digital erstellt werden sollen. Der Zusatz „auch digital" wird dabei wiederholt unterstrichen, um die neue digitale Ausrichtung zu bekräftigen. Es scheint eine Dringlichkeit für die entsprechende Qualifizierung der Auszubildenden zu geben, von der aber auch das schulische Kollegium unmittelbar betroffen ist.

2.2.3 Umsetzung neuer Inhalte an Berufsschulen

Das Schulgesetz für das Land Nordrhein-Westfalen stellt fest, dass Lehrkräfte zwar in eigener Verantwortung, aber im Rahmen der Bildungs- und Erziehungsziele der Schule, der geltenden Vorschriften und der Anordnungen der Schulaufsicht und Konferenzen unterrichten sollen [vgl. MSB05, §57 (1)]. Damit wird auch erwartet, die neuen Rahmenlehrpläne der Kultusministerkonferenz an den Berufsschulen direkt umzusetzen.

Strukturell werden die Inhalte von Rahmenlehrplänen über sogenannte „schulnahe Curricula" eingeführt. Mit dem Attribut „schulnahe" wird verdeutlicht, dass die staatlichen Vorgaben erst in schulinternen und individuellen Lehrplänen eingebracht werden müssen. Zuletzt sind die vorgegebenen Lernfelder in den Unterrichtsstunden der Lehrkräfte wiederzufinden. Diese Umsetzung kann von der makrodidaktischen Ebene aber erst über die kollegiale Mesoebene in die Mikroebene geschehen, um Defizite des Fachunterrichts zu vermeiden [Kre03, S. 7].

Tab. 2: Ebenen der Implementation [Ten06, S. 141]

Planungsebenen	Gremien / Personen	Aufgaben	Planungseinheit	Planungsgegenstände
Makroebene	KMK-Lehrplan-Ausschüsse	Lehrplangestaltung	Rahmenlehrplan	Lernfelder
Mesoebene	Kollegiale Teams	Bildungsganggestaltung	Schulnahes Curriculum	Lernsituationen
Mikroebene	Lehrkräfte	Unterrichtsgestaltung	Einzelkonzept	Unterrichtseinheiten

Nach dieser Vorgehensweise sollen Bildungsgangteams, ausgehend von betrieblichen Handlungssituationen, konkrete Lernsituationen für den beruflichen Unterricht entwickeln.

Bei der Gestaltung der Lernsituationen ist es schwierig, digitale Werkzeuge und Technologien handlungsorientiert einzusetzen, wenn diese einer eigentümlichen Logik folgen, mit der die Schülerschaft noch keinen Kontakt hatte. Dennoch lassen sich mit dem Konzept „Lernen für Handeln" und „Lernen durch Handeln" auch komplexe Anwendungssysteme einbinden. Diese aus den Lehrplänen bekannten Leitgedanken [KMK07, S. 12] werden auch von den Systemanbietern als „Lernen im Prozess der Arbeit" immer häufiger in der Entwicklung ihrer Produkte implementiert. Als technischer Service werden Lernapplikationen für die Benutzer mit eingebunden, um notwendige Qualifikationen für neue Arbeitsprozesse individuell und benutzerfreundlich zu vermitteln [Hir+18, S. 149]. Diese Methode der Auseinandersetzung mit neuen Funktionen kann eine Möglichkeit sein, digitale Technologien zu vermitteln. Die Berufsschule muss neue interaktive und individuelle Formen berücksichtigen, um praxisnahe Lernsituationen zu erzeugen. So können Schülerinnen und Schüler zu eigenverantwortlich Lernenden werden.

2.3 Systemeinbindung in der Schulentwicklung

Zur Einbindung digitaler Systeme in den Unterricht sind mehrere mitwirkende Stellen erforderlich. Grundsätzlich sind die Lehrkräfte als Individuen der Berufsschule gefordert, eine Entwicklung voranzubringen und mitzutragen. Diese müssen die notwendige Qualifikation und Bereitschaft mitbringen. Aber Schule ist auch eine Organisation, die gemeinsame Ziele verfolgt und gemeinsame Lernprozesse durchläuft. Dabei muss sie die staatlichen Rechts- und Verwaltungsvorschriften berücksichtigen, die Bedürfnisse ihrer ausbildungsbeteiligten Betriebe im Auge behalten und bei Bedarf die Kooperation mit weiteren Bildungspartnern anstreben.

2.3.1 Aktuelle Situation an Berufsschulen

Schulen haben seit den 90er Jahren ein starkes Mitbestimmungsrecht, insbesondere bei organisatorischen Angelegenheiten sowie der Ausgabe von zugeteilten Finanzmitteln. Damit haben sie auch die Wahl, welche Anwendungssysteme sie für den schulpraktischen Unterricht nutzen. Sie sind sogar laut Schulgesetz dazu angehalten, in eigener Verantwortung das Schulleben zu gestalten und innere Angelegenheiten selbstständig zu organisieren [MSB05, §3 (1)].

Für die einzelnen Lehrkräfte konstatiert *Avenarius* jedoch, dass eine größere „Autonomie" der Einzelschule mit dem Verlust an individueller pädagogischer Freiheit möglich sei. Eine Schule, die sich ein eigenes Profil gibt und dieses ihrer Arbeit zugrunde legt, legt den einzelnen Lehrkräften strengere Bedingungen auf. Zudem führt die Verlagerung von Verwaltungsaufgaben zu einer neuen Machtverteilung innerhalb der Einzelschule [Avenarius u.a. 1998, S. 18, zitiert nach Sei08, S. 47].

Um neue Technologien in die Berufsschule einzuführen, hängt es dennoch an den einzelnen Lehrkräften, die diese Veränderungen in der Organisation Schule aktiv mitgestalten müssen. Erst die individuellen Kompetenzen und die Identifikation mit der Schule führen zu einem engagierten Eintreten für neue Entwicklungen und Ziele. Umso wichtiger ist auch ein Organisationslernen, in dem alle Beteiligten gefördert werden, Kompetenzen auszubauen und an einem Lernprozess teilzunehmen [Sei08, S. 119]. Für die „Lernende Organisation" zählt *Seitz* fünf Disziplinen auf:

1) *Systemdenken*

   Die einzelne Person wie auch die Gruppe erkennt die wechselseitige Vernetztheit und fokussiert ihr Denken auf die Gesamtheit.

2) *Individuelle Selbstentwicklung*

   Jedes Organisationsmitglied darf sich unter dem Blickwinkel des Systemganzen individuell und selbstbestimmt entwickeln.

3) *Mentale Modelle*

   Das einzelne Individuum ist aufgefordert, die eigene Wahrnehmung kontinuierlich durch Reflexion zu verifizieren und bei Bedarf subjektive Theorien zu überarbeiten.

4) *Gemeinsame Vision*

   Die Beteiligten erarbeiten aus ihren eigenen Visionen eine gemeinsame Vision, zu der sie nicht nur einwilligen können, sondern die sie engagiert umsetzen wollen.

5) *Lernen im Team*

   Im Team lassen sich komplexe Sachverhalte einfacher lösen und die Leistungsbereitschaft der einzelnen Teilnehmenden steigern.

Um Veränderung zu unterstützen, haben auch die Leitenden einer Organisation einen großen Beitrag. Diese sollten ihre Mitglieder in den Entscheidungsprozess mit einbinden und die Organisation demokratisch führen [Sei08, S. 120-121].

2.3.2 Ausbildung von Lehrkräften

Das Lehramt an berufsbildenden Schulen hat ein sehr differenziertes Feld unterschiedlicher Aufgaben und Anforderungen zu erfüllen. Es ist von dem dynamischen Wandel in der Berufswelt und den komplexen institutionellen und organisatorischen Strukturen der Schule gekennzeichnet. Eine konsequente Qualifizierung im Beruf ist zur Entwicklung von Schule unabdingbar. Dabei geschieht die Qualifizierung in drei Phasen: Studium, Vorbereitungsdienst, Fort- und Weiterbildung.

Sucht man in der ersten Phase fachdidaktische Inhalte zum Einsatz von digitalen Werkzeugen, wird man kaum ein Angebot finden. Oft wird in den Seminarplänen der Hochschulen entweder die Kompetenz in der Nutzung einer Software als solche vermittelt oder der allgemeine Medieneinsatz im Fachunterricht thematisiert, ohne einen direkten Bezug zur Technik. Sicherlich kann ein Einsatz Lehr- und Lernprozesse unterstützen, aber er kann auch selbst Fachinhalt sein. An den Hochschulen mangelt es dazu an zusammenhängender Vermittlung der Systemnutzung im Kontext technischen Unterrichts. Selbst im Bereich der Informatikdidaktik werden unterschiedlichste Empfehlungen, Lehrpläne und Unterrichtskonzepte angeboten, aber keine anerkannten Bildungsstandards [Sch+11, S. 118]. Man ordnet den Einsatz von digitalen Werkzeugen auch nicht den informatischen Kenntnissen oder der Medienkompetenz zu, sondern lediglich einem Anwendungs-Know-how.

Ohne konkrete Fachdidaktik müssen eingesetzte und geeignete Methoden die bekannten Prinzipien pädagogischer Psychologie berücksichtigen. Hinzu kommen ergonomische Aspekte, die bei der Gestaltung der Mensch-System-Interaktion grundlegend sind. Zuletzt ist auch ein ausgeprägtes Methodenwissen im Zusammenhang mit einer hohen adaptiven Kompetenz erforderlich, um der Vielzahl verschiedener Systeme begegnen zu können [Hir+18, S. 148].

Aufgrund des zeitlichen und inhaltlichen Umfangs kann dieser Schwerpunkt nicht im Vorbereitungsdienst erwartet werden. In der zweiten Phase werden mehr unterrichtspraktisch definierte Kompetenzen angestrebt [Koc16, S. 3].

Somit gewinnt die dritte Phase der Lehrerqualifizierung zunehmend an Bedeutung, obwohl sie nur gering erforscht und unzureichend organisiert ist [Koc16, S. 1]. Innovative Entwicklungen erfordern die ständige Bereitschaft von Lehrkräften sich fort- und weiterzubilden. Darüber hinaus sind sie laut Schulgesetz sogar verpflichtet, „sich zur Erhaltung und weiteren Entwicklung ihrer Kenntnisse und Fähigkeiten selbst fortzubilden und an dienstlichen Fortbildungsmaßnahmen auch in der unterrichtsfreien Zeit teilzunehmen." [MSB05, §57 (3)]. Dennoch zeigen einschlägige Studien mehrheitlich, dass Veränderungen im Bildungssystem eher langsame Wege gehen. *Seitz* fasst zusammen, dass die Bereitschaft, an der Schulentwicklung aktiv teilzunehmen, im Laufe des Lebens- bzw. Dienstalters abnimmt. Er verweist auch auf *Susteck*, aus dessen Befragungen das kooperative Lernen und Arbeiten im Team mit zunehmender Berufserfahrung sinkt [vgl. Susteck,1975, S. 78ff, zitiert nach Sei08, S. 246]. Den Grund führt auch er auf ein mangelhaftes Fortbildungsangebot zurück, sowie strukturelle Bedingungen, die einer persönlichen und schulischen Weiterentwicklung entgegenstehen [Sei08, S. 252]. Daher schätzen vielleicht auch viele Lehrkräfte, dass eine Fortbildung keine Auswirkungen auf ihre Arbeit hat [Kil17, S. 3].

Die Regulierung von Lehrkräftefortbildungen und ihre Steuerung im Zusammenhang mit Schulreformen erfährt zu wenig Beachtung [Iml+18, S. 90]. So fehlen auf der Seite der Anbieter häufig wichtige Informationen zu didaktisch-methodischen Konzepten und Fortbildungseffekten ihrer Angebote [Gro+18, S. 30]. Immerhin bietet das Land Nordrhein-Westfalen ein umfangreiches Datenmaterial bis hin zu einer Suchmaschine zu Fortbildungsangeboten der Bezirksregierungen und weiteren Kompetenzteams. Jedoch sind die Lehrkräfte hier nicht zu einem Mindestumfang, geschweige denn zu einer Dokumentation ihrer Pflichterfüllung verordnet, wie etwa in anderen Bundesländern [Gro+18, S. 17-20].

2.3.3 Lehrkräftekooperation und Arbeitskreise

Grundsätzlich zeigen die meisten Lehrkräfte laut einer Studie deutlich mehr Lernbereitschaft als betriebliche Mitarbeiter. Zudem erkennen zwei Drittel der Lehrkräfte die Weiterbildung als elementaren Teil ihres Berufes an und drei Viertel möchten gern selbst Verantwortung dafür übernehmen [Kil17, S. 3]. Auf dieser Grundlage lässt sich die Lehrkräftekooperation als bedeutsame Variable in der Schulentwicklung ableiten. Lehrkräfte gestalten in Teams Entwicklungen und Verbesserungsprozesse ihrer Schule von innen heraus. Sie ergänzen, reflektieren und erweitern ihr Professionswissen durch kollegiale Interaktion [Ald16, S. 36-40]. Die Kooperation stellt damit eine wichtige Möglichkeit der Fort- und Weiterbildung dar.

Diese Form der Kooperation kann unterschiedliche Charakteristiken und Ebenen beschreiben. Teil- und Gesamtkonferenzen sind dabei die einzigen Formen, die formal verankert sind und das definierte Ziel haben, Maßnahmen für die Unterrichts- und Erziehungsarbeit der Schule zu unternehmen [Ald16, S. 50]. Daneben gibt es auf der lokalen Ebene noch lose gekoppelte Formen, angefangen vom einfachen Austausch mit Kolleginnen und Kollegen bis hin zu schulinternen Fortbildungen und pädagogischen Tagen.

Auf der Ebene von Regierungsbezirken werden auch Fortbildungen und Qualifizierungen von Lehrkräften organisiert. Am Beispiel des Regierungsbezirks Detmold[5] werden Programme organisiert, die durch Hochschulen, Unternehmen oder regionale Schulen durchgeführt werden. Ruft man diese Angebote auf, ist die Fortbildungsart entsprechend als landesweite, regionale oder schulische Kooperationsveranstaltung deklariert.

Der Arbeitskreis „Rechnergestützte Fertigung" der Bezirksregierung Detmold ist eine solche regionale Bildungskooperation. Sie hat das vorrangige Ziel die Ausbildung im Bereich der Zerspanungstechnik zu verbessern. Gegründet wurde Sie 2009 zusammen mit der VDW-Nachwuchsstiftung in Bielefeld [VDW09, S. 5]. Der Impuls für die Zusammenarbeit der Akteure entspringt einer Erklärung des Ministeriums für Schule und Weiterbildung des Landes Nordrhein-Westfalen. Dieses hat erstmalig im Jahr 2005 vereinbart, dass durch das Land NRW und kommunale Spitzenverbände die Zusammenarbeit von Schulen und kommunalen Einrichtungen in einem Bildungsnetzwerk gefördert werden soll [MSB17, S. 1]. Es werden Bildungspartnerschaften begleitet und finanziell unterstütz, die einen Kooperationsvertrag mit dem Land NRW vereinbaren. Auf dieser Grundlage hat die Nachwuchsstiftung mit der Zeit in allen fünf Regierungsbezirken NRW mehrere Arbeitskreise unter den gewerblich-technischen Berufskollegs gegründet. Ziel war es, einen regelmäßigen Austausch der Erfahrungen der Fachlehrkräfte und damit eine Plattform für fachlichen und pädagogischen Wissenstransfer zu ermöglichen. Lehrkräfte wurden ganz konkret für Fortbildungen in die Unternehmen eingeladen und konnten sich über aktuelle Technologien informieren. In Detmold betrifft das elf Berufskollegs, die zu mehreren Arbeitskreisen zusammengeschlossen waren. Von allen Arbeitskreisen ist der in Ostwestfalen-Lippe als einziger geblieben, der noch weiterhin selbstständig und aktiv funktioniert[6]. Hier werden ferner aktuelle Themen aus dem Bereich der Zerspanungstechnik und deren unterrichtliche Umsetzung gemeinsam und schulübergreifend bearbeitet und Lehrkräftefortbildungen geplant und organisiert.

2.3.4 Verwendete Systeme

In den unterschiedlichen beruflichen Schulen sind diverse CAx-Anwendungssysteme in Gebrauch. Selbst innerhalb einzelner Berufsschulen ist es üblich, dass für verschiedene

[5] http://www.lehrerfortbildung.bezreg-detmold.nrw.de, aufgerufen am 25.01.2019

[6] Telefoninterview VDW-Nachwuchsstiftung am 18.11.2018

Ausbildungsberufe unterschiedliche Software verwendet wird. So mag der Schwerpunkt bei den werdenden Produktdesignerinnen und -designern auf einer komplexen CAD-Flächenmodellierung liegen, die *CATIA* gut bedient, während angehenden Zerspanungsmechanikerinnen und -mechaniker mit geometrisch simplen Volumenkörpern in *SolidWorks* ausreichend aufgeklärt sind.[7] Hinzu kommen weitere markttypische Lösungen im Bereich der Konstruktionsmechanik, Sanitärinstallation und Ähnlichem.

Für das Lehrpersonal im Metallbereich, das über divers Ausbildungsberufe hinweg mit fachbezogenen Mitteln unterrichten muss, bedeutet dies zu den Anforderungen durch die Technologievielfalt oft die aufwendige Einarbeitung in unterschiedliche Systemoberflächen. Einen hohen Aufwand müssen zudem die Systemadministratoren in der Wartung und Pflege der IT aufbringen. Anzustreben sind daher Lösungen, die die Bedürfnisse eines differenzierten Qualitätslevels und Leistungsumfangs für unterschiedliche Berufszweige erfüllen.

2.3.5 Anwendungsprogramm Siemens NX

Siemens NX bietet speziell für berufsbildende Schulen Schullizenz-Pakete mit Software-Wartung und zusätzlicher Supportleistung für *NX* an[8]. In dieser sogenannten *NX Academic Edition* sind zunächst alle CAD/CAM/CAE-Technologien enthalten, die überwiegend dem Leistungsvermögen des Konkurrenzprodukts CATIA entsprechen und damit sehr anspruchsvolle Industriestandards abdecken. Darüber hinaus sind branchenspezifische Module zusätzlich integrierbar, wie das *P&ID Design* für Rohrleitungs- und Instrumentenschemata, das *Mechatronic Concept Design* für mechatronische Automatisierungstechnik und weitere[9]. Es können unterschiedliche berufsrelevante Softwarelösungen in einem System geführt werden. Die Systemvoraussetzung stellt dabei keine besonderen Anforderungen an die Hardware und kann auf jedem aktuell käuflich erwerblichen Rechner verwendet werden.

Für die Anwendung von *Siemens NX* im Bereich der digitalen Fertigungsprozesse an der Berufsschule müssen jedoch einzelne Anpassungen unternommen werden, die einen hohen administrativen Aufwand erfordern.

---

7 Catia und SolidWorks sind zwei CAx-Produkte der Dassault Systèmes Gruppe, die sich hinsichtlich ihrer technischen Leistungsfähigkeit vollständig unterscheiden.

8 https://www.pbu-cad.de/software/akademische-lizenzen/akademische-lizenzen-fuer-schulen-und-hochschulen, aufgerufen am 28.01.2019

9 https://www.plm.automation.siemens.com/global/de/products, aufgerufen am 04.02.2019

2.3.5.1 Akademische Lizenzen für Schülerinnen und Schüler

Die Schülerinnen und Schüler müssen die Möglichkeit haben, auch außerhalb der Unterrichtszeit an dem System zu üben. *Siemens* bietet den berufsbildenden Schulen neben den dauerhaften Lizenzen eine *License Borrow Option* an, mit der die festen Lizenzen für bis zu 120 Tage verliehen werden können. Dazu wird zu der *NX* Software ein Lizenzierungswerkzeug installiert, welches damit voraussetzt, dass die privaten Rechner und Notebooks mitgebracht werden müssen und zum Ausleihen Zugang zum Schulnetz benötigen. Dafür kann die Software anschließend für den Ausleihzeitraum überall offline genutzt werden. Einige Hochschulen bieten alternativ an, eine feste Lizenz über einen VPN-Zugang aufzurufen und zu nutzen. Die Einrichtung von VPN-Zugängen ist für die Netzwerkadministration jedoch aufwendiger und die Nutzer müssen jederzeit online Zugang zum Schulnetz haben.

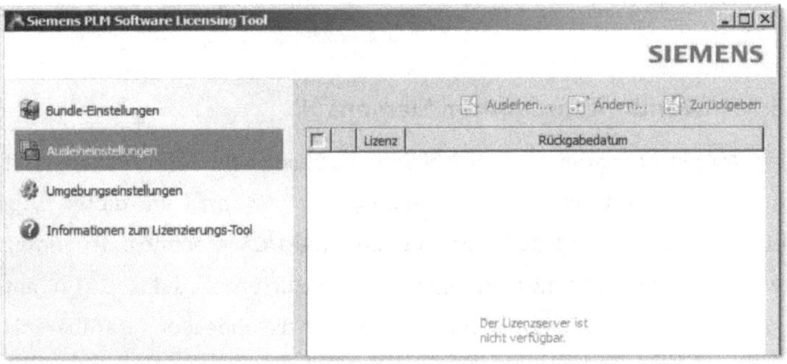

Abb. 5: Lizenzierungswerkzeug Siemens NX

2.3.5.2 Benutzeroberfläche und Rollenmanagement

Jeder Bildungsgang setzt seinen Schwerpunkt in den CAx-Anwendungen abhängig von den vorgegebenen Rahmenlehrplänen. Dementsprechend sind bestimmte Funktionen der *NX* Benutzeroberfläche unwesentlich für den einzelnen Ausbildungsberuf. Um die Handhabung für die Novizen einfacher zu gestalten, bieten überwiegend alle Systeme eine Option zur Anpassung und Reduzierung der Benutzeroberfläche an. Die Option lässt die Benutzer Spezifikationen zu Ort, Größe, Sichtbarkeit einzelner Bedienelemente, Dialoge, der Grafikanzeige und weiteren Fenstern festlegen. Damit kann flexibel definiert werden, wie mit dem System interagiert werden soll.

Eine Erweiterung dieser Funktion ist das von *Siemens* integrierte Rollenmanagement. Hier werden die Informationen der benutzerdefinierten Layouts in *NX* verwaltet. Die

Besonderheit des Rollenmanagement ist, dass nicht nur eine Benutzeroberfläche abgelegt werden kann, sondern mehrere Rollen innerhalb eines Systemmoduls[10] für verschiedene Anwender und für verschiedene Module hinweg gesichert und aufgerufen werden können. Dadurch ist die Anpassung an den Leistungsanspruch der Auszubildenden möglich.

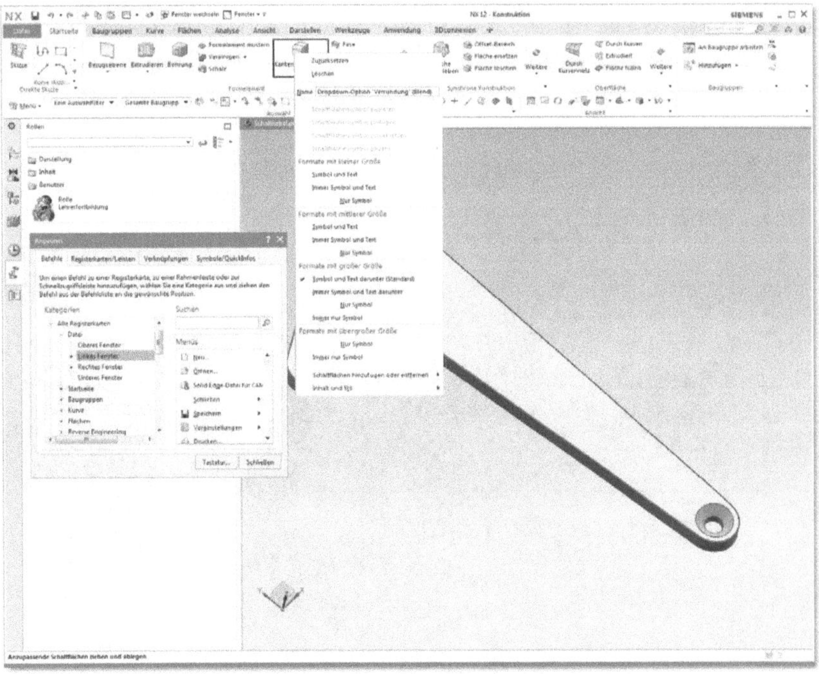

Abb. 6: Anpassung der Benutzeroberfläche

2.3.5.3 Digitale Maschine und Werkzeuge

Die Auszubildenden sollen nicht nur virtuell an der Fertigung arbeiten, sondern müssen auch einen Bezug zu den physischen Auswirkungen ihrer Lösungen knüpfen. In der digitalen Fertigung mag vieles richtig erscheinen, die anschließende Fertigung muss jedoch letztlich die Richtigkeit bestätigen. Überdies hinaus sind aktuell auch Einflüsse der Schnittdaten, Frässtrategien und Werkzeuge erst beim Fertigen des Bauteils er-

---

10 PLM-Systeme setzen sich aus mehreren Modulen, überwiegend CAx-Anwendungen zusammen. Die CAD-Anwendung gehört zum Standard, häufig auch CAE und CAM.

sichtlich. Um aber die Vorteile der digitalen Fertigungsprozesse wie Kollisionskontrollen vollständig zu nutzen, ist die in der Lehrwerkstatt vorhandene Fräsmaschine als digitales Modell erforderlich. Die benötigten CAD-Daten werden jedoch in der Regel nicht von den Werkzeugmaschinenherstellern zur Verfügung gestellt, was bedeutet, dass diese aufwendig von den Anwendern modelliert oder alternativ fertig kinematisiert als CAD-Datensatz von Dritten erworben werden. Die hinzukommenden Zerspanungswerkzeuge müssen aber jederzeit an den örtlichen Werkzeugbestand angepasst sein. Da diese durch einfachere Geometrien abzubilden sind, ist zumindest hier das eigenständige Erzeugen und Anlegen unumgänglich.

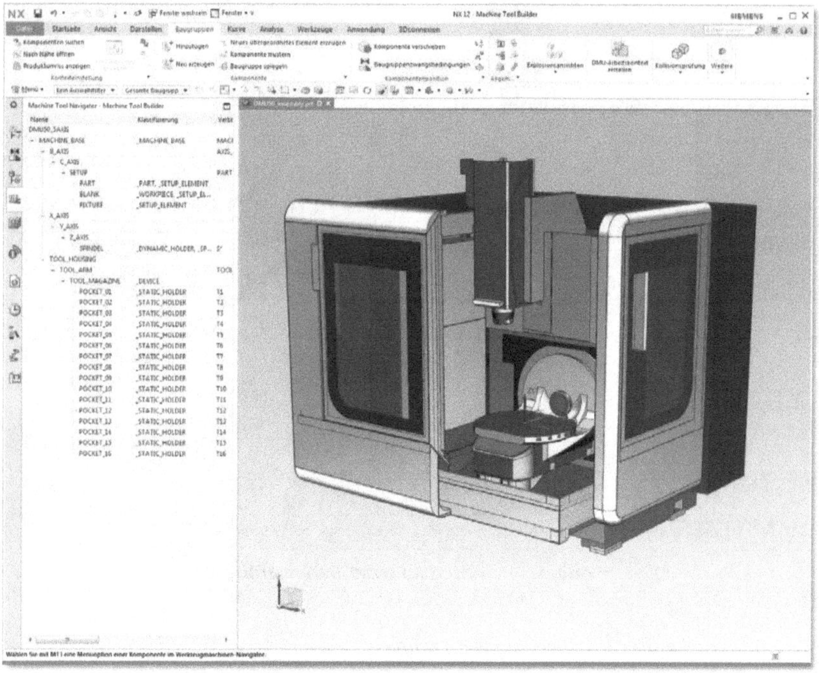

Abb. 7: Virtuelle Maschine der DMU50

2.3.5.4 Postprozessor

In der CAM-Anwendung werden Werkzeugwege zu den Werkzeugen generiert. Die erzeugten Pfaddateien sind systemabhängig und daher nicht unverändert an die reale Werkzeugmaschine zu übertragen. Maschinen haben unterschiedliche Ausstattungen der Hardware, die über steuerungsabhängige Controller unterschiedlich angesprochen werden müssen. Der Controller erhält seine Anweisungen über sogenannte Codes, die wiederum von den jeweiligen Maschinen- und Steuerungsherstellern abhängen und nur zu einem Teil standardisiert sind. Diese Code-Befehle sind nicht im ursprünglichen *NX*-Werkzeugpad hinterlegt.

Aus diesem Grund wird ein Übersetzungsmodul benötigt, das die angelegten Fertigungsoperationen aus *NX* in eindeutige Parameter der realen Maschinen- und Steuerungskombination schreibt. Der Arbeitsschritt wird Postprozess genannt. Der zur Übersetzung in den Maschinencode benötigte Postprozessor wird von Dritten oder direkt vom Systemvertreiber angeboten.

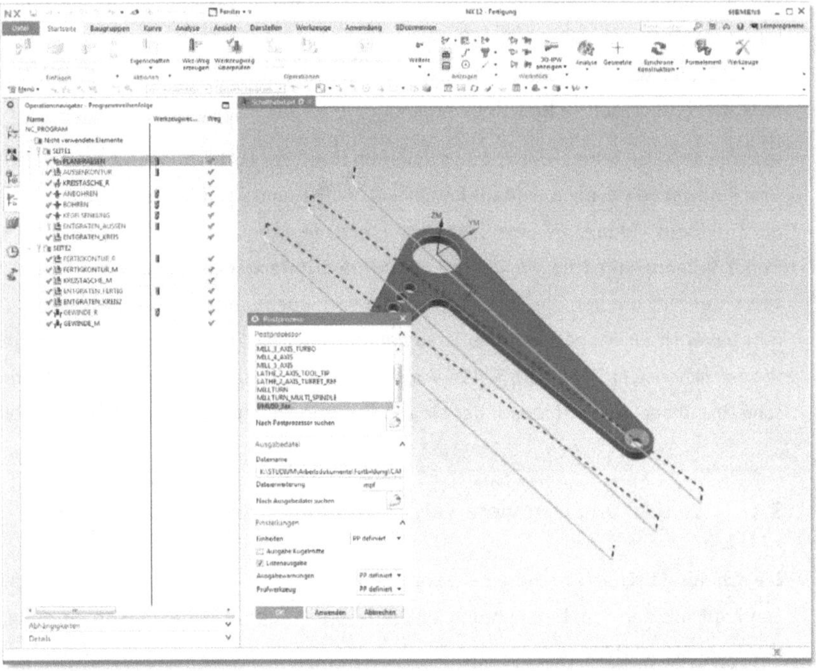

Abb. 8: Postprozess des NC-Codes für eine Werkzeugmaschine

3 Theoretischer Hintergrund zu Lehrkräftefortbildungen

Die Leitvorstellung einer guten Lehrkräftefortbildung stockt schon bei der Frage, was eine Fortbildung von der Weiterbildung unterscheidet. Weder in den Standards noch in den ländergemeinsamen Anforderungen für die Lehrerbildung der KMK werden die oft genannten Fort- und Weiterbildungen genauer definiert. In einigen Bundesländern gilt aber die Formulierung, die die Fortbildung einer Lehrkraft als „[...] Erhaltung ihrer beruflichen Fähigkeiten und ihrer Anpassung an die Entwicklung der Erkenntnisse in Wissenschaft, Pädagogik, Gesellschaft und Arbeitswelt [...]" beschreibt, während die Weiterbildung durch die „[...] Erweiterung erworbener Lehramtsbefähigungen [...]" bestimmt ist [LAVO 1999, §§17,18, zitiert nach Hel12, S. 8]. Nimmt man diese Definition als Grundlage, kann der zu planende Lehrgegenstand der Lehrkräftefortbildung zugeordnet und als solche Benannt werden.

Was die didaktisch-methodische Konzipierung formeller Fortbildungen betrifft, sind die Umgebungsbedingungen weitaus komplexer. Aufbauend auf den ersten beiden Phasen der Grundausbildung, die eine Lehrkraft unterschiedlich gut genutzt hat, oder die weit in der Vergangenheit liegen, zusammen mit den unterschiedlichen persönlichen Teilkompetenzen, bringen die Teilnehmenden verschiedene didaktische Leitvorstellungen mit. Daher ist ein möglichst hoher Grad der Individualisierung des Fortbildungsangebotes wünschenswert [Mül+10, S. 43]. Vor der Ausgestaltung wird aber erst die theoretische Grundlage geschaffen, auf der die Lehrkräftefortbildung entwickelt werden soll.

3.1 Lehren und Innovieren als Teil einer Lehrkräftefortbildung

Die schulpraktische Tätigkeit einer Lehrkraft geschieht überwiegend in Interaktion der Lehrkraft mit den Schülerinnen und Schülern. Somit liegt es nahe, in einer Fortbildung die Professionalität einer Lehrkraft durch Kompetenzentwicklung in dieser Interaktion auszubauen. Eine Voraussetzung für die Lernwirksamkeit guten Unterrichts ist dieses Professionswissen [Mey+13, S. 3]. Es stellt Methoden und Modelle bereit, die die Vermittlung berufsbezogener und berufsübergreifender Kompetenzen zu den verschiedenen Berufsanforderungen ermöglichen. Eine didaktisch-methodische Orientierung wird dazu bereits in den Leitlinien der Bildungspläne und Rahmenvereinbarungen der Kultusminister ausgedrückt. Ausgerichtet werden diese an bildungstheoretischen, bildungspolitischen, innovationstheoretischen sowie rechtlichen Veränderungen. Eine

Lehrkräftefortbildung folgt diesem Wandel und unterstützt die Teilnehmenden bei der Anpassung an entsprechende Entwicklungen und Erkenntnisse [Ald16, S. 55].

Auf dieser Grundlage lassen sich Lehren und Innovieren als Gegenstand der Lehrkräftefortbildung definieren. Zum einen erfolgt eine Professionalisierung der Lehrkräfte im Kompetenzbereich ihres Unterrichtens, zum anderen trägt die Fortbildung durch innovative Konzepte zur schulischen Entwicklung bei. Beides dient schließlich dem Ziel, die Qualität von Bildung und Lernen zu verbessern und dadurch Schülerinnen und Schüler für zukünftige berufliche Anforderungen zu qualifizieren [Ald16, S. 55].

Eine auf schulische Entwicklung ausgerichtete Lehrkräftefortbildung kennzeichnet die moderne Lernkultur. Sie versucht laut *Gasser* „[...] auf die Herausforderungen dieser Zeit, Gesellschaft, Wissenschaft, Wirtschaft usw. eine pädagogisch, psychologisch und bildungstheoretisch reflektierte, praxiswirksame Antwort zu geben. [...]" [Gas19, S. 113]. Dieser Lernkultur folgt auch die Kultusministerkonferenz in der Formulierung der Standards für die Lehrerbildung. Sie bezieht sich dabei auf die Schulgesetze der Länder und den dort dargestellten Zielen von Schule. So sieht sie es als zentrale Aufgabe, die Qualität der schulischen Bildung zu sichern und fordert von Lehrerinnen und Lehrern, ihre Kompetenzen ständig weiterzuentwickeln und sich an der Schulentwicklung zu beteiligen. Dieser berufliche Auftrag gilt für die gesamte Ausbildung und Berufspraxis [KMK04, S. 3-4]. Dabei sollen die didaktischen Prinzipien hervorgehoben werden, nach denen berufsschulunterrichtliches Handeln erfolgt. Die Methoden werden zur Verdeutlichung nachfolgend stilisiert und hervorgehoben.

3.1.1 Didaktische Überhöhung

Berufliches Unterrichten kann laut *Tenberg* in einem komplexen Modell einer lernfeldstrukturierten Didaktik konstruiert werden [Ten06, S. 63]. Es lässt sich im Sinne einer Schulartendidaktik unter allgemeindidaktische Modelle einordnen [Ten06, S. 27].

Im letzten Jahrhundert entstanden unzählige didaktische Modellbildungen, von denen aktuell ausformuliert nur wenige von Bedeutung sind. Die in Abb. 9 (Seite 27) dargestellten unterscheiden sich in Bezug ihrer philosophischen Ausgangspunkte und hinsichtlich ihrer Herangehensweise und Praxisfelder.

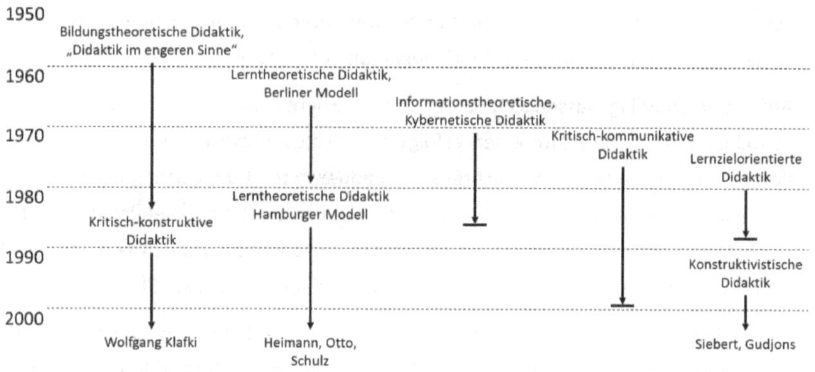

Abb. 9: Entwicklung der Allgemeinen Didaktik von 1950 - 2000 [Ten06, S. 35]

Die drei zuletzt dargestellten Modelle sind mittlerweile überholt. Die kybernetische Didaktik reduziert das Bild der Lernenden zum Objekt, während die kritisch-kommunikative Didaktik einen übergroßen Schwerpunkt auf den Beziehungsaspekt im Unterricht und die Kommunikation legt. Dennoch können diese Modelle laut *Tenberg* einen Beitrag zu gutem Unterricht leisten, „die kybernetische Didaktik zeigt Möglichkeiten einer Präzisierung und Optimierung von Lehrstrategien, die lernzielorientierte Didaktik führt zu einem einfachen, hochgradigen transparenten Unterricht, die kritisch-kommunikative Didaktik kann hingegen Hilfe in störanfälligen Unterrichtsszenarien leisten" [Ten06, S. 33]. Heute werden noch drei didaktische Modellansätze angesehen, die Kritisch-Konstruktive Didaktik, die Lerntheoretische Didaktik und die Konstruktivistische Didaktik. *Tenberg*s Modell orientiert sich an den Handreichungen der KMK [Ten06, S. 67], die in ihren Rahmenlehrplänen konstruktivistische Lehr- und Lernformen vorsieht [Mus+01, S. 46].

Der Wissenserwerb aus konstruktivistischer Perspektive ist immer kontextbezogen. Das heißt, die Anwendung von Wissen erfolgt immer rekurrierend auf dessen Erwerb, also „Lernen durch Handeln" und „Lernen für Handeln" [Ten06, S. 84]. Ausgangspunkt für ein praktisches Lernen ist also die Handlungsorientierung. Um den Wissenserwerb auf die Unterrichtsebene zu übertragen, sind darüber hinaus Instruktion und Konstruktion wie in Abb. 10 notwendig.

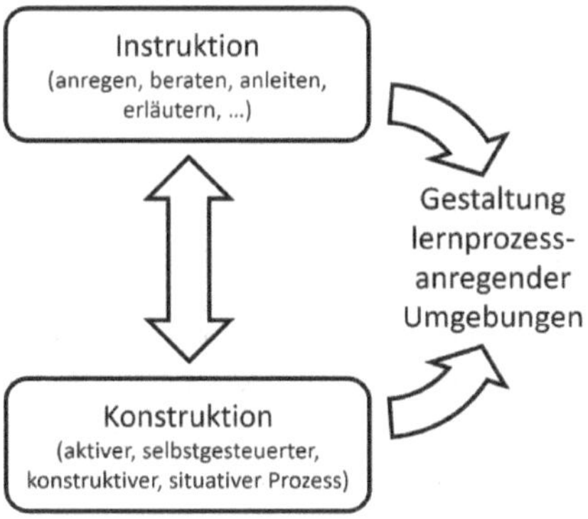

Abb. 10: Wissenserwerb aus konstruktivistischer Perspektive

Bei einem Lehr-Lern-Arrangement, wie es üblicherweise im situierten Lernen zu finden ist, wirken weitere Faktoren zur Konstruktion und Instruktion. So ist die Rolle des Vorwissens, die Motivation und die Fähigkeit zur Metakognition der Lernenden vorausgesetzt.

Die beim Lernen dargebotenen Inhalte werden durch die Lernenden auf Anschlussfähigkeit zu ihren vorhandenen Beobachtungen und Erfahrungen geprüft [Rei08, S. 242]. Das kann auch dazu führen, dass Informationen nicht so aufgenommen werden, wie der Lehrende es erwartet. Dies kann vor allem in einer Lerngruppe schwierig sein, in der sehr unterschiedliche Vorerfahrungen herrschen.

Grundlegend für die Motivierung durch Instruktion ist auch das Wechselspiel von Inhalten und Beziehungen. Eine Instruktion zum Handeln steht immer auch in Beziehungskontext, selbst wenn Inhalte verständlich und klar sind. Sie sollten auf einer freundlichen Basis von Sympathie, Wertschätzung und Feedback vermittelt werden [Rei08, S. 103].

Und schließlich sind vor allem beim Einsatz digitaler Werkzeuge metakognitive Strategien wichtig, wenn die Aktivität der Lernenden nicht direkt zur Aufgabenlösung führt [vgl. Rei08, S. 236]. Wird das bisherige Vorgehen auf Missverständnisse geprüft oder werden ähnliche Probleme aus früheren Aufgaben herangezogen? Geeignete Hilfestellungen können diesen Prozess des aktiven Auseinandersetzens mit dem Lerninhalt fördern.

Diese Bedingungen sind bei der didaktischen Konkretisierung der Lernumgebung zu betonen und in der Lehrkräftefortbildung unterrichtspraktisch darzustellen.

3.1.2 Wirksamkeit von Lehrkräftefortbildungen

Unter Betrachtung der wenigen relevanten Forschungsbefunde zu Lehrkräftefortbildungen können laut *Lipowsky* vier Ebenen hinsichtlich der Reichweite und Ausprägung ihrer Wirksamkeit dargestellt werden [Mül+10, 51-52].

Die direkten Reaktionen und Einschätzungen der Teilnehmenden werden dabei auf einer ersten Ebene häufig untersucht. Dazu werden die Lehrkräfte in Bezug zur Akzeptanz und Zufriedenheit der Fortbildung, ihrer Qualität und inhaltlichen Relevanz befragt. Betrachtet man unterschiedliche Studien, ist den Lehrkräften dabei eine angenehme Atmosphäre, kompetente Fortbildungsleitende und professionelle Durchführung, Gelegenheit zum Austausch und Bezug zum praktischen Unterricht wichtig. Diese Reaktionen der Teilnehmenden sind zwar wertvolle Rückmeldungen, aber sagen nicht unmittelbar etwas über den tatsächlichen Lernfortschritt aus [Mül+10, 54].

Erst auf der zweiten Ebene lässt sich ein Erfolg von Lehrkräftefortbildungen festmachen. Dabei findet eine Erweiterung der Kognitionen durch eine veränderte Überzeugung, Erwartung oder Motivation statt. Diese Merkmale können zu einem besseren Unterricht führen, für die Lehrkraft wie auch für die Schülerinnen und Schüler [Mül+10, S. 57]. Auf dieser Ebene wurden beispielsweise Untersuchungen durchgeführt, bei denen die Lehrkräfte mit dem mathematischen Denken und Lernstrategien von Grundschuldkindern konfrontiert wurden. Diese und eine zweite Kontrollgruppe ohne Fortbildung wurden mit dem Ergebnis verglichen, dass die Experimentalgruppe anschließend deutlich besser die Lösungsstrategien der Grundschulkinder vorhersagen konnte [Mül+10, 54]. Anzunehmen ist, dass die Wirksamkeit der Fortbildung auf die „Betonung forschender und reflexiver Lehreraktivitäten und durch eine deutliche Orientierung am mathematischen Denken und den mathematischen Konzepten der Schüler/innen“ zurückzuführen ist [Mül+10, 55].

Auf der dritten Ebene ist eine Veränderung im unterrichtspraktischen Handeln festzustellen. Diese zu untersuchen ist methodisch sehr anspruchsvoll, da sie nur durch Beobachtungen oder aufwendige Selbst-Supervision der Lehrkraft nach der Fortbildung erfasst werden kann [Ald16, S. 72]. Dabei wäre beispielsweise der Blick auf die Zunahme eines kognitiv aktivierenden Unterrichts, herausfordernde Fragen der Lehrkraft oder reflektives Lernen der Schülerinnen und Schüler zu richten. In einer Untersuchung der Essener Gruppe um Hans Fischer waren Videoaufzeichnungen mit individuellem Coaching Gegenstand einer Fortbildung über einen längeren Zeitraum. Nach Abschluss der Fortbildung gaben beispielsweise die Schülerinnen und Schüler an, dem Unterricht nun besser folgen zu können [Mül+10, S. 58]. Damit bestätigt sich auch die allgemein geteilte Meinung, dass Fortbildungen in den praktischen Unterricht von Lehrkräften eingebunden werden sollten, um die Erprobung und Reflexion der Inhalte zu ermöglichen [Mül+10, S. 59].

Die vierte Ebene lässt die Wirksamkeit einer Fortbildung an Effekten auf Schülerinnen und Schüler feststellen. Sie sollen nach Möglichkeit bei Lehrkräften nach einer Fortbildung mehr lernen oder stärker motiviert sein. Jedoch lässt der Forschungsstand nur geringe Effekte auf die affektiv-motivationale Entwicklung der Lernenden nachweisen [Mül+10, S. 62].

Fasst man nun die Ergebnisse der unterschiedlichen Untersuchungen zusammen, kann eine wirksame Lehrkräftefortbildung durch folgende Merkmale gekennzeichnet sein:

- strukturell zeitintensiv
- externe Expertise
- relativ enger Fachbezug
- zusammenhängender Input, Erprobung und Reflexion
- praktische Fokussierung auf Unterricht
- Partizipation und Erleben von Selbstwirksamkeit

Fortbildungen mit diesen Merkmalen haben allerdings oft komplexe und höchst aufwendige Formate und müssen über längere Zeiträume untersucht werden. Was jedoch in Studien alle erfolgreichen Formate auszeichnet, sind „Modelle und Beispiele für die Umsetzung von curricularen Vorgaben und effektive Lehr-Lernmethoden", die die teilnehmenden Lehrkräfte einer Fortbildung erhalten [Gro+18, S. 132].

3.2 Gestaltungsgrundlagen für Fortbildungen zu digitalen Fertigungsprozessen

Die Gestaltung einer Lehrkräftefortbildung ist ein zielgerichteter Prozess und die Konzipierung der Aktivitäten ein notwendiger Arbeitsschritt. Sicherlich werden nicht alle Ereignisse im Verlauf der Fortbildung beabsichtigt und systematisch erscheinen, sondern sind auch informellem und selbstbestimmtem Lernen der Teilnehmenden zuzuordnen. Für die Betrachtung einer Wirksamkeit ist aber der Fokus auf die geplanten Attribute zu legen, die in nachfolgender Vorüberlegung begründet sind.

3.2.1 Didaktisch-methodische Konzeption

Die noch junge Forschung zur eigenständigen Didaktik für Lehrkräftefortbildungen und darin genutzte Zugänge für Lehr-Lern-Prozesse bietet noch keine fertigen Modelle in ihren Beiträgen [Ald16, S. 61]. Bekannte Erfolgsfaktoren sollten daher bei der Gestaltung berücksichtigt werden und auf den Fortbildungsinhalt übertragbar sein.

Strukturell wird sich der Lehr-Lern-Prozess nicht an einem Handlungszyklus orientieren. Die Aneignungsstruktur der Lehrkräfte ist fachsystematisch geprägt und der Perspektivenwechsel vom Fachinhalt auf das praktische Unterrichtshandeln in der Transferkompetenz erwartet. Empirische Befunde zeigen, dass die Zunahme von fachdidaktischem und fachlichem Wissen der Lehrkräfte nach einer Fortbildungsmaßnahme auch zu einem Schulerfolg ihrer Schülerinnen und Schüler beiträgt [Mül+10, S. 54]. Des Weiteren sind in einer Fortbildung mit engem Fachbezug viele Inhalte zu erarbeiten, die aufgrund eines eingeschränkten Zeitrahmens das eigenständige Entwickeln durch die Teilnehmenden kaum zulässt.

Weitere strukturelle Merkmale betreffen die Lernform, wenn digitale Lernhandlungen mit Systemen durchgeführt werden sollen. Die bekannteste Lernform in diesem Zusammenhang ist wohl das Computer-Based-Trainig, das eine didaktisch-methodische Lerneinheit bezeichnet, die offline oder online genutzt werden kann. Dabei sind Lernszenarien digital so aufbereitet, dass sie den Lernenden auf einem Endgerät durch die Lerninhalte führen. Handelt es sich auch in Kombination mit situiertem Lernen im Klassenzimmer, spricht man auch von Blended Learning [Hir+18, S. 156]. Es gibt keine Hinweise darauf, dass Blended Learning messbare Unterschiede zu einer traditionellen Lehrveranstaltung zeigt, es lässt aber weitgehende Möglichkeiten einer Vertiefung von Inhalten, sowie eine hohe Flexibilität der zeitlichen und räumlichen Bedingungen zu [Koc16, S. 22].

Die didaktisch-methodische Kernkomponente einer entsprechenden Fortbildung ist das Scaffolding. Der Begriff "Scaffolding" kommt aus der englischsprachigen Unterrichtsforschung und beschreibt eine Lernstrategie in einer konstruktivistisch konzipierten Lernumgebung [Mey+13, S. 13]. Damit sind Unterstützungen oder Hilfestellungen (engl. „scaffolds") gemeint, die dem Lernenden für das Lösen komplexer Aufgaben bereitgestellt werden [Ten06, S. 231]. Die Art der Unterstützungsmaßnahmen folgt keiner Definition und kann je nach Unterrichtsform unterschiedlich ausgestaltet sein. Für die Anwendung von rechnergestützten Systemen eignen sich vor allem Training

Wheels, minimale Instruktionen, anspruchsvolle Lernziele und ein lernförderliches Klima, was nachfolgend kurz erklärt wird.

Training Wheels

In der digitalen Systemanwendung sind sogenannte "Training Wheels" üblich. Das sind speziell präparierte Benutzeroberflächen, die nur einen reduzierten Ausschnitt einer komplexen Software für Anwendungseinsteiger anzeigen. Dadurch, dass nur sehr wenige Funktionen durch den Fensteraufbau sowie in Dialogen und Bedienelementen verfügbar sind, lassen sich einige Benutzerfehler vermeiden, die nicht ohne externe Hilfe beseitigt werden können [Ban96, S. 23].

Minimale Instruktion

Ein weiteres Scaffold sind schriftliche Unterlagen, die eine feste Vorgehensweise zur Aufgabenlösung beschreiben. Sie sollten einfach und gut strukturiert und visualisiert sein [Mey+13, S. 14]. Dabei ist darauf zu achten, dass inhaltlich auch nur relevante Informationen dargeboten werden, sogenannte minimale Instruktionen. Laut älteren Studien zeigt sich, dass Lernende mit minimaler Instruktion weniger Lernzeit benötigen und bessere Lernleistungen zeigen als mit Systemhandbüchern ohne konkreten Aufgabenbezug [Ban96, S. 22].

Anspruchsvolle Lernziele

Im Bereich des Metaunterrichts sprechen anspruchsvolle Lernziele die Motivation der Lernenden an. Diese können aufgabenorientierte Lernszenarien sein, die an der oberen Kante des Leistungsvermögens liegen [Mey+13, S. 15]. Realistische, praxisrelevante Lernziele führen in Lernsituationen signifikant häufiger zur Lösungsentwicklung anschließender Problemstellungen als systemorientierte Aufgaben, die ohne Handlungsbezug ein Faktenwissen über das System vermitteln [Ban96, S. 40]. Damit stellt der Lernträger in der Konkretisierung einer Lernsituation ein wichtiges Element dar [Ten16, S. 67-68].

Lernförderliche Beziehung

Die konstruktivistische Didaktik im Kontext des schulischen Unterrichts steht in Wechselwirkung von Konstruktion und Instruktion. Dabei ist Scaffolding in Dialogen als Instruktion von einem positiven Unterrichtsklima abhängig [Dub08, S. 173]. Ein direkter

Lernerfolg kann einem guten Unterrichtsklima zwar nicht direkt zugeordnet werden, aber eine „katalysierende Wirkung" auf das Lernen ist anzunehmen [Sei08, S. 102]. Eine beziehungsorientierte Didaktik stellt die Interaktion von Lehr- und Lernprozess in entscheidenden Zusammenhang zu Sinn und Erfolg des Lernens [Rei08, S. 31]. Systematisch entsteht diese durch Wertschätzung, die im Bereich des Blended Learning vor allem durch die Möglichkeit der persönlichen Hilfestellung des Lehrenden vermittelt werden kann.

Einige Scaffolds werden mit fortlaufender Entwicklungsstufe der Lernenden abgebaut, um sie langfristig zu befähigen, Aufgaben mit dem System selbstständig und selbstreguliert zu lösen [Mac+08, S. 148]. Der Lehrer nimmt aber durchgehend die kooperative Rolle des Lernberaters ein, der ein individuelles und selbstreguliertes Lernen nach Bedarf unterstützt.

3.2.2 Verknüpfung von Benutzeroberfläche und Erlernbarkeit

In Bezug zu Training Wheels umfasst die MCI-Forschung die Gegenstandsbereiche der Gestaltung, Analyse und Bewertung interaktiver Computersysteme mit dem Ziel, den Benutzer in seiner Tätigkeit optimal zu unterstützen [Streitz, 1988, zitiert nach Leh97, S. 8]. Der Mensch als Benutzer mit seinen Aufgaben, Zielen und Eigenschaften steht dabei im Mittelpunkt der Gestaltung interaktiver Systeme. Daran ist der internationale Standard DIN EN ISO 9241 mit dem Titel „Ergonomische Anforderungen für Bürotätigkeiten mit Bildschirmgeräten" ausgerichtet. „Dieser Ansatz erhöht die Effektivität und Effizienz, die Zugänglichkeit und Nachhaltigkeit, und verbessert das menschliche Wohlbefinden, die Zufriedenstellung der Benutzer; und möglichen nachteiligen Auswirkungen auf die menschliche Gesundheit, Sicherheit und Leistung die bei der Nutzung des Systems entstehen, wird entgegen gewirkt." [ISO10, Teil 210 S. 4]

Die Ergonomie befasst sich nicht ausschließlich mit anatomischen Voraussetzungen des Benutzers im Bereich produktiver Fertigung und manueller Bürotätigkeit. Ergonomie beschäftigt sich auch mit Benutzerverhalten, seiner Wahrnehmungen und Reaktionen, die aus der tatsächlichen oder scheinbaren Interaktion mit einem Anwendungssystem resultieren [ISO10, Teil 210 S. 7]. Erfolgreiche Anwendungen sind stets an einer hohen Ergonomie orientiert, damit das System vom Benutzer schnell erlernt und nicht zurückgewiesen wird.

Für das Agieren des Benutzers auf der Oberfläche wird eine Benutzerschnittstelle benötigt. Sie wird durch physikalische Eingabegeräte mit unterschiedlichen Funktionalitäten verkörpert. In der Praxis von CAx-Anwendungen nutzt man üblicherweise die Tastatur und Maus, in der Konstruktion auch eine 3D-Maus und Tabletts, die das Arbeiten im dreidimensionalen Raum oder Erzeugen von Freiformflächen erleichtern.

Um die persönlichen Erfahrungen des Benutzers spezifischer zu berücksichtigen, werden in der ISO 9241 Teil 129 Leitlinien für die Individualisierung von Software empfohlen, die alle modernen Systeme berücksichtigen. Jede Anpassung sollte dabei die drei Kriterien der Norm erfüllen: die Effektivität der Aufgabenlösung, die Effizienzen der Handhabung und die Zufriedenheit mit dem System steigern.

Als wichtigster Beitrag ist aber wohl das Merkblatt 110 der Norm zur Lernförderlichkeit zu nennen. Der Nutzer soll danach unterstützt werden, sich das System selbst zu erschließen und die Logik und Konsistenz der Bedienung zu erkennen. Unterschiedliche Methoden sind zur Optimierung der Benutzeroberfläche möglich. Sich häufig wiederholenden Tätigkeit werden so gestalten, dass die dazu notwendigen Funktionen und Befehle durch eine kurze Schrittfolge zu erreichen sind oder dementsprechend angepasst werden können. Des Weiteren sollten sich ähnelnde Funktionen in Funktionsgruppen sortiert werden, um ein systematisches Wiederfinden seltener genutzter Funktionen zu erleichtern. Die Darstellung von Funktionen mit aussagekräftigen Bildschirmhinweisen und Piktogrammen sind nützlich, um eine Erwartung zu dahinterliegenden Dialogen zu entwickeln. Und zuletzt sind alle übrigen Oberflächenelemente ohne regelmäßigen Gebrauch auszublenden, um für den Anwender schnell klare Strukturen zu schaffen und Benutzerfehler zu vermeiden.

3.2.3 Lernverhalten und Benutzerfehler

Als in den 1980er Jahren die „Computerisierung" bis in die privaten Haushalte eindrang, wurden erste Forschungen zu typischem Lernverhalten und Benutzerfehlern bemüht. Es ist keine aktuelle Studie bekannt, die diese grundlegenden Informationen untersucht und beschreibt. Dabei ist jede angestrebte praktische Übung kein exklusives Sachproblem, also das Umsetzen einer Aufgabe mit einem digitalen Werkzeug. Vielmehr entsteht zu Beginn des Gebrauchs einer Software ein Interaktionsproblem, dass ohne Erfahrung nicht intuitiv gelöst werden kann. Es müssen erst Interaktionsformen gelernt werden.

Zu dieser Schwierigkeit hat *Carroll* in den 1980er Jahren umfassende Untersuchungen bei IBM vorgenommen. Dabei beobachtet er typisches Verhalten beim Erlernen von Softwareanwendungen, die überwiegend auf psychologische Merkmale der Benutzer zurückzuführen sind. Diese machen zwangsläufig Fehler, die unterschiedlichen Ursprungs sind. Zum einen will die lernende Person eine Anwendung direkt aufgabenorientiert nutzen. Anweisungen werden häufig vorher nicht studiert oder nicht systematisch von Anfang bis Ende durchgearbeitet. Zum anderen fällt das Interesse schnell auf Funktionen der Anwendung, die für die gegebene Aufgabe und Lernsituation irrelevant sind. Zuletzt erkennt sie nicht die Ursache für einen Fehler in einer fehlerhaften Aktion, sodass sie diesen korrigieren könnte [Ban96, S. 13-14].

In einer Fortbildung mit großen Selbstlernphasen werden diese Schwierigkeiten auftreten. Daher ist neben der fachlichen Sicherheit des Tutors auch die weitere Lernumgebung und das Hilfssystem entsprechend anzupassen. Die Lehrkräfte sollen die Aufgabenstellung mittels Fortbildungsmedien eng geführt erarbeiten und bei Fehlern neben der tutoriellen Unterstützung auch Möglichkeiten zur Selbsthilfe kennen.

4 Entwicklung der Lehrkräftefortbildung

Die Planung der exemplarischen Lehrkräftefortbildung nach Auswertung des theoretischen Hintergrunds wird als methodischer Prozess gesehen. Im Idealfall sollen die Handlungskompetenzen der Teilnehmenden zielgerichtet an die neuen Entwicklungen angepasst und Lernergebnisse möglichst effektiv erreicht werden. Die Wirksamkeit ergibt sich aus einer ganzheitlichen Betrachtung der Fortbildung. Dazu zählen individuelle und formale kontextuelle Bedingungen sowie strukturelle und didaktische Merkmale der Fortbildung [Mül+10, S. 62]. Die anschließende Evaluation der Lehrkräftefortbildung ist eine relevante Disziplin des wissenschaftlichen Arbeitens und liefert Erkenntnisse zur Wirksamkeit des Fortbildungsangebots.

Ein einfaches Modell zur Vorgehensweise bei der Entwicklung von Fortbildungsmaßnahmen bietet nachfolgende Abbildung (Abb. 11). In dem dargestellten Schema werden alle Phasen einer ganzheitlichen Planung berücksichtigt. [Leh97, S. 142]

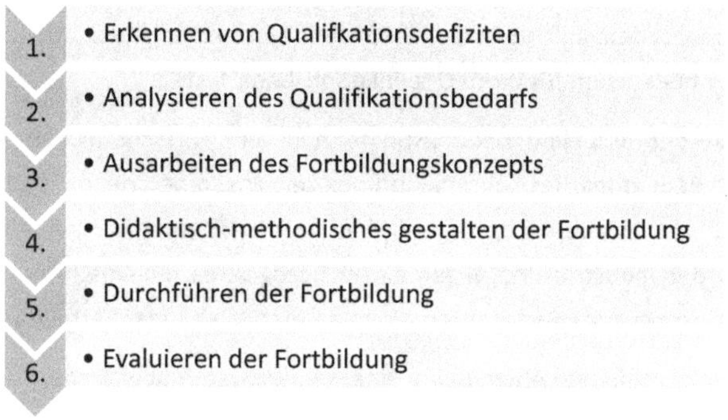

Abb. 11: Phasen der Entwicklung und Umsetzung einer Fortbildungsmaßnahme

Nach diesem Modell wird die Lehrkräftefortbildung entwickelt. Die Qualifikationsdefizite sind bereits in dem Kapitel 2.3.1 als Grundlage für diese Entwicklungsarbeit beschrieben und der Qualifikationsbedarf definiert. Daher erfolgt im nächsten Schritt die konzeptionelle Ausarbeitung der Fortbildung.

4.1 Ausarbeiten des Fortbildungskonzepts

Diese Phase betrachtet Kontextbedingungen, die unmittelbaren Einfluss auf die Ausgestaltung des Fortbildungsangebots haben. Für die transparente Kooperation mit dem Arbeitskreis und die Unterstützung an einem geeigneten Seminarort werden Rücksprachen über die zeitlich-organisatorischen Rahmenbedingungen und die festgelegten Lehrziele und Inhalte gehalten. Schließlich werden strukturelle und inhaltliche Merkmale zusammen mit einem erklärenden Kontext verfasst, der die Berufsschulen über die geplante Fortbildung aufklärt. Die formellen Strukturen müssen dabei stets berücksichtigt werden, damit eine Unterstützung auch seitens der Schulleitungen möglich ist.

4.1.1 Zielbeschreibung

Der erste wichtige Schritt bei der Konzeptionierung einer Lehrveranstaltung ist es, die Lehrziele festzulegen. Damit werden parallel zum Fortbildungsthema auch Lehrinhalte vorformuliert und reflektiert, die letztlich behandelt werden sollen. Mit dieser Fixierung können zudem informierte Lehrkräfte selbst entscheiden, ob die angebotene Fortbildung bedeutsam für ihren Qualifikationsbedarf ist.

Im Kontext der aktuellen bildungspolitischen und wirtschaftlichen Veränderungen wächst die Bedeutung des Lehrens und des Lernens in den neuen digitalen Technologiefeldern. Der Qualifizierungsbedarf einer Lehrkraft kann fachinhaltlich an den Bedürfnissen der Industrie und allgemein in Bezug ihres didaktisch-methodischen Vermittlungsauftrags orientiert werden. Daraus ergeben sich vier Fortbildungsziele:

Fachkenntnisse – Anwendung einer neuen Systemoberfläche

Infrastrukturkenntnisse – Verständnis für die Systeminfrastruktur

Prozesskenntnisse – Umgang mit den Komponentenschnittstellen

Methodenkenntnisse – Lehr-Lernarrangements mit geeigneten Methoden

Sie sind als Zielsetzung der Kompetenzentwicklung in der Fortbildung zu sehen und Grundlage für weitere Entwicklungsstufen [vgl. Hir+18, S. 188-190].

Inhaltlich stehen die neuen Rahmenlehrpläne und das Softwaresystem *Siemens NX* im Vordergrund der Fortbildung. Vor allem die Anwendungsbereiche der Software in der unterrichtspraktischen Umsetzung von digitalen Fertigungsprozessen soll betrachtet werden. Die inhaltlichen Schwerpunkte der Fortbildung sind somit zunächst in ihre Einheiten thematisch zu strukturieren:

1) Anforderungen der neuen Bildungspläne und ihre Abbildung in *NX*.
2) Einführung in die Anwendung *NX* auf der CAD-Oberfläche.
3) CAM-Programmierung und Werkzeuge in *NX*.
4) Virtuelle Fertigung auf einer digitalen Werkzeugmaschine in *NX*.

Weiter wird die Zielbeschreibung durch Kriterien der geforderten Tätigkeiten der Lehrkräfte differenziert. Dazu zählt unter anderem laut Bildungsplänen eine handlungsorientierte Pädagogik der berufs- und berufsfeldübergreifenden Qualifikationen [MSB18, S. 21]. Für diese Aufgabe sind mehrere Dimensionen des Wissens erforderlich, die sich auch mit dem Qualifizierungsbedarf der Lehrkräfte decken. Im Zusammenhang von Lernen und Handeln entwickelte *Renkl* ein Modell mit vier Wissensarten, das zur Strukturierung von Lernzielen genutzt wird [Ten06, S. 88].

Als Ausgangspunkt ist das Faktenwissen bzw. deklarative Wissen zu nennen, dass den erforderlichen Fachkenntnissen entspricht. Dieses Wissen dient den Lehrkräften zur fachlichen Kommunikation und grundlegend zur Einordnung eines Problems. Dem gegenüber steht das prozedurale Wissen, welches eine spezifische Handlungsstrategie oder Routine beschreibt, die zur Lösung eines Problems führt. Der Qualifizierungsbereich liegt dabei in den Prozesskenntnissen. Durch das konzeptuelle Wissen werden diese beiden verknüpf. Es verbindet bestimmte Fakten mit Handlungsstrategien durch Infrastrukturkenntnisse, indem es übergeordnete Strukturen und Gesetzmäßigkeiten schafft. Zuletzt stellt das konditionale Wissen eine Entscheidungsinstanz dar, dass bestimmte Wissensinhalte in eine konkrete Handlung übertragen lässt. Mit dieser Klassifizierung lassen sich die Ziele in nachfolgender Tabelle (Tab. 3, Seite 39) beschreiben. Eine Ausdifferenzierung der Kompetenzaspekte geschieht mit Blick auf taxonomisch unterschiedliche Aufgabenbereiche.

Tab. 3: Klassifizierung der Lernziele

Deklaratives Wissen
Die Lehrkräfte analysieren die Inhalte der neuen Bildungspläne mit bereits bekannten und erkennen die berufspraktische Bedeutung für ihre Schülerinnen und Schüler.
Sie informieren sich über die Anwendung digitaler Fertigungsprozesse mit Unterstützung des CAD/CAM-Systems *Siemens NX*.
Sie kennen die Methode des Scaffolding für Lehr-Lernarrangements in der Anwendung von digitalen Systemen.
Prozedurales Wissen
Die Lehrkräfte wenden das CAD/CAM-System *Siemens NX* an und simulieren die Fertigung mithilfe eines virtuellen Maschinenmodells.
Konzeptuelles Wissen
Die Lehrkräfte nutzen die Bedienoberfläche von *Siemens NX* und analysieren die Benutzerschnittstelle und Funktionalität des integrierten Rollenmanagements.
Konditionales Wissen
Die Lehrkräfte stellen den Zusammenhang der Bildungspläne und der Umsetzung digitaler Fertigungsprozesse in *Siemens NX* her und beurteilen diese.

Diese Ziele werden bei der Ausgestaltung der Fortbildungsstruktur und Inhalte berücksichtigt und nach der Erprobung reflektiert. Die darüber hinaus bedeutsamen Ziele einer Fortbildung wie der schulübergreifende Praxisaustausch zwischen den Kolleginnen und Kollegen erfolgt informell ohne weitere Betrachtung.

4.1.2 Formale Rahmenbedingungen und Lernumfeld

Aufgrund des thematischen Schwerpunkts wird das Angebot an den Arbeitskreis *Rechnergestützte Fertigung* gerichtet. Um die Zulassung zur Erprobung und die organisatorischen Abläufe der Fortbildung sicherzustellen, sind Abstimmung und Koordination mit den betroffenen Trägern zu treffen. Auf Seiten der Schule ist eine Kooperation der Lehrkräfte bereits in Kapitel 2.3.3 erläutert. Die Initiierung und Zusammenkunft zu der Lehrkräftefortbildung im Arbeitskreis *Rechnergestützte Fertigung* obliegt demzufolge dem freiwilligen Engagement interessierter Lehrkräfte und der Genehmigung durch die Schulleitung [MSB05, §59 (6)]. Da zur Durchführung die Infrastruktur und Ausstattung des Carl-Severing-Berufskollegs für Metall- und Elektrotechnik in Bielefeld genutzt werden soll, ist auch an dieser Stelle das Einverständnis der Schulleitung vorausgesetzt, da sie das Hausrecht ausübt [MSB05, §59 (2)].

Die Schule hat 2018 im Rahmen vom Regionalen Wirtschaftsförderungsprogramm des Landes Nordrhein-Westfalen und der Bund-Länder-Gemeinschaftsaufgabe „Verbesserung der regionalen Wirtschaftsstruktur" in die Anschaffung des Education Bundles von *Siemens NX* investiert, um die Bildungsinfrastruktur für digitale Fertigungs- und Produktionsprozesse zu stärken. Daraus leitet sich auch ein Schulungsbedarf seitens der Lehrkräfte ab. Zusammen mit der vorhandenen EDV-Ausstattung und dem Maschinenpark ist die Kooperation mit dem Carl-Severing-Berufskolleg zur Fortbildungsplanung besonders geeignet.

Darüber hinaus ist mit den verantwortlichen Vertretern des Arbeitskreises zu klären, wie und in welchem Umfang eine Fortbildung realisiert werden kann. So sind die Fragen nach einem geeigneten Termin und der zeitlichen Struktur ausschlaggebende Determinanten, um die Kooperation auch mit den anderen Schulen zu ermöglichen. Zum einen sind seitens der Lehrkräfte Fortbildungsanträge bei den Schulleitungen frühzeitig einzureichen, zum anderen wirken sich höhere Arbeitsbelastungen vor Zeugnissen oder Prüfungsphasen ungünstig auf eine umfangreiche Teilnahme aus. Infolgedessen wird die Fortbildung als eintägige Veranstaltung zu Beginn des Kalenderjahres angeboten und alle Lehrerinnen und Lehrer der Berufskollegs im Arbeitskreis des Regierungsbezirks Detmolds eingeladen.

Zeitlich betrachtet ist die Form einer derlei kompakten Fortbildung nicht geeignet, um eine vollständige Einführung in die komplexe Anwendung von *Siemens NX* zu leisten. Da es aber in der Thematik allgemein um die Umsetzung digitaler Fertigungsprozesse im Unterricht geht, soll durch den Einsatz der Software weniger die sichere Handhabung vermittelt, sondern vielmehr ein Eindruck über dessen Möglichkeiten gegeben werden.

Das Interesse an dem Fortbildungsthema wird schulübergreifend erwartet, weshalb mit einer ausreichenden Teilnehmerzahl zu rechnen ist. Als Ausgangssituation ist jedoch zu berücksichtigen, dass geeignete Räume mit Anbindung zur Werkstatt nur 15 Rechnerarbeitsplätze besitzen. Zur Mitarbeit ist ein Rechner pro Person notwendig, so dass dadurch die Anzahl eingeschränkt wird.

Das Lernumfeld ergibt sich aus den vorhandenen Kapazitäten und der technischen Ausstattung des Berufskollegs. Es sind für alle Teilnehmenden leistungsstarke Computer mit installierten Softwarepaketen zur Verfügung zu stellen. Bei der Gestaltung der

Benutzeroberfläche und Hilfestellungen ist zu beachten, dass die örtlichen Monitore mit den nutzbaren 1280x1024 Pixel für CAx-Anwendungen sehr gering auflösen. Für weitere inhaltliche Darstellungen im Plenum ist ein Videoprojektor installiert und als reale Maschine in der Werkstatt das Fräsbearbeitungszentrum *DMU50*, von dem ein virtuelles Abbild in *Siemens NX* zur Verfügung gestellt wird.

4.1.3 Skizze zum Fortbildungsangebot

Der nachfolgende Arbeitsschritt dient der Niederschrift einer Einladung zur Lehrkräftefortbildung (Anhang I). Es ist ein möglichst kurzer und prägnanter Arbeitstitel zu formulieren, der den Inhalt einleitet und damit das Interesse des Adressatenkreises anspricht. Durch Abstraktion kann die Gesamttätigkeit während der Fortbildung auf die „Rechnergestützte Fertigung eines einfachen Frästeils in *NX*" reduziert werden. Ein ergänzender Untertitel informiert etwas ausführlicher mit einem Überblick über konkrete Bestandteile der Fortbildung und gibt diese in einem groben Konzept als „Eine Einführung in rechnergestützte Fertigungsprozesse nach aktuellen Bildungsplänen unter Anwendung von *Siemens NX*" wieder. In dieser Formulierung wird auch vermittelt, dass die Fortbildung als „Einführung" in ihrer Gründlichkeit verstanden werden soll und damit nur eine Orientierung für dieses Thema und vor allem zu *Siemens NX* leistet.

Des Weiteren sind strukturelle und inhaltlich wichtige Merkmale möglichst überschaubar darzustellen, um interessierte Lehrkräfte bei ihrer Planung und Entscheidung zu unterstützen. Diese Angaben sind in getrennten Absätzen mit Termin und Ort sowie einem Fortbildungsablauf aufgeführt, der mit den einzelnen Themenschwerpunkten in Kapitel 4.1.4 detailliert entwickelt wird.

Zuletzt wird das Anschreiben durch einen umgebenden Text persönlicher und das Fortbildungsangebot und dessen Bedeutung in einem größeren Zusammenhang begründet. [vgl. Leh97, S. 173]

4.1.4 Verlaufsplanung

Für die weitere Ausarbeitung der Lernaktivitäten sind die Lehrziele zusammen mit den noch vorzubereitenden Lehrinhalten in sequenzielle Phasen der Fortbildung strukturiert. Die zeitliche Limitierung der einzelnen Themen ist bei der Gestaltung zu berücksichtigen, die Schwerpunkte sollen möglichst in sich geschlossen bearbeitet werden können. Die detaillierte Verlaufsplanung als Leitfaden ist im Anhang II beigefügt.

Tab. 4: Verlaufsstruktur der Lehrkräftefortbildung

Einführung	
Anforderungen der vorläufigen Bildungspläne im Fachbereich Technik und Abbildung von Arbeitsprozessen mit der Benutzeroberfläche von NX	
9:00 – 10:10 Uhr	• Begrüßung und Zielvorstellung • Vortrag: Berufsschule im Kontext wirtschaftlicher Veränderungen • Systemeinstieg Siemens NX
	Kaffeepause
Lektion 1	
Benutzerschnittstelle und einfache CAD-Funktionen in NX	
10:30 – 12:00 Uhr	• Benutzerschnittstellen und Handhabung • CAD-Aufgabenstellung
	Mittagspause
Lektion 2	
CAM-Programmierung und Werkzeuge in NX	
12:45 – 14:00 Uhr	• Datenbankstruktur und Werkzeuge • CAM-Aufgabenstellung
	Kaffeepause
Lektion 3	
Virtuelle Fertigung auf einer digitalen Maschine in NX	
14:15 – 15:10 Uhr	• Struktur der Maschinensimulation • VZ-Aufgabenstellung
Abschluss	
Diskussion und Bewertung des Systems NX mit Evaluation	
15:10 – 16:00 Uhr	• Diskussion • Verabschiedung

4.2 Didaktisch-methodisches Gestalten der Fortbildung

Ausgehend vom theoretischen Hintergrund wird die Lehrkräftefortbildung didaktisch-methodisch ausgestaltet, um die praktische Durchführung in den digitalen Fertigungsprozessen mittels *NX* realisieren zu können. Der methodische Grundrhythmus erfolgt dabei über den Einstieg zur Erarbeitungsphase und schließlich zur Sicherung und Reflexion.

Am Anfang wird der inhaltliche Zusammenhang der Fortbildungsziele durch Aufzeigen aktueller Entwicklungen in Industrie und Handwerk sowie der Anforderungen der Bildungspläne dargestellt. Danach wird die Gestaltung der Lektionen in konkreten Schritten aufgeführt und die angewandten Methoden herausgestellt. Schließlich werden als Übergang zur Erarbeitungsphase verschiedene Systemanbieter gezeigt und das System *Siemens NX* innerhalb des Marktes positioniert.

Um sich den Fortbildungszielen konvergent zu nähern, wird für die Erarbeitung ein einfach gestalteter Schalthebel (Abb. 12) als Lernträger aus dem Fahrzeugbau genutzt. Er dient der Aufgabenorientierung über die gesamte Prozesskette von der Konstruktion bis hin zur digitalen Fertigung. Die Fertigung dieses Lernträgers wird als Gesamtauftrag und Tagesziel vorgestellt und mit entsprechender Anleitung, u.a. mittels bereits beschriebenem Scaffolding, schrittweise in *NX* umgesetzt. Die schriftlich erstellten Anleitungen und Unterlagen werden den teilnehmenden Lehrkräften digital und in gedruckter Form bereitgestellt.

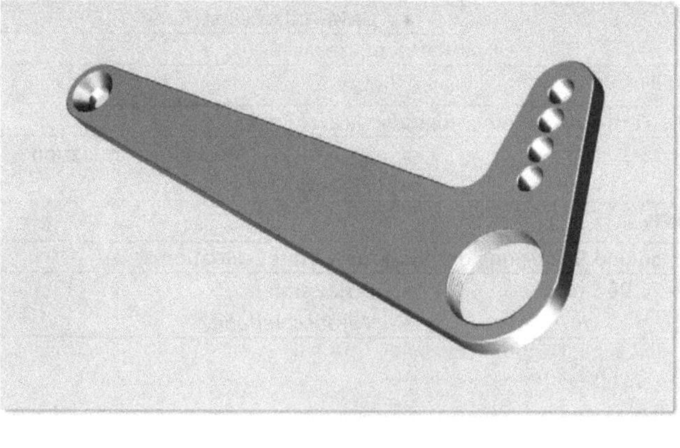

Abb. 12: Lernträger „Schalthebel"

Abschließend wird die Möglichkeit eingerichtet, die Erarbeitung und Methoden sowie das System an sich gemeinsam zu reflektieren und offene Fragen zu klären. Die Lehrkräfte erhalten zudem alle Fortbildungsunterlagen und weiterführende Informationsquellen.

Die Fortbildungsziele und -inhalte sowie die detailliert geplanten Sequenzen werden den Arbeitskreisvorsitzenden und der universitären Beratung zur inhaltlichen und formalen Validierung vorgelegt.

4.2.1 Einstieg in digitale Fertigungsprozesse und Bildungspläne

Zu Beginn erfolgt ein kurzer Vortrag mit den wirtschaftlichen und bildungswissenschaftlichen Anhaltspunkten, um die Fortbildung und ihre einzelnen Inhalte zu legitimieren. Ein authentischer Kontext soll die Teilnehmenden motivieren. Dazu werden einige aktuelle Zeitungsartikel mit der Thematik „digitalen Veränderungen in der Wirtschaft" aufgeführt. Über den historischen Ursprung der Digitalisierung und digitalen Fertigungsprozesse wird ihre momentane Bedeutung in Statistiken und der resultierende Qualifikationsbedarf dargestellt. In diesem Zusammenhang folgt auch der Bildungsauftrag der beruflichen Schulen und die Umgestaltung der nun gültigen Rahmenlehrpläne. Der curriculare Bezug wird durch die Gegenüberstellung des alten und des neuen Lehrplans für Zerspanungsmechaniker und Zerspanungsmechanikerinnen geschaffen (siehe Abb. 13).

Lernfeld 1: Fertigen von Bauelementen mit handgeführten Werkzeugen	**1. Ausbildungsjahr**
Zielformulierung:	
Die Schülerinnen und Schüler dokumentieren und präsentieren die Arbeitsergebnisse.	Die Schülerinnen und Schüler dokumentieren und präsentieren die Arbeitsergebnisse *insbesondere unter Verwendung digitaler Medien* .
Sie beachten die Bestimmungen des Arbeits- und des Umweltschutzes.	Sie beachten die Bestimmungen des Arbeits- und des Umweltschutzes *und berücksichtigen die Bestimmungen des Urheberrechts.*

Abb. 13: Vortragsfolie - Gegenüberstellung des alten und neuen Lehrplans

Mit der Frage zu Umsetzungsmethoden der neuen Lehrinhalte wird das Interesse auf die didaktische Methode des Scaffolding geführt. Nach der Darstellung der konstruktivistischen Ausrichtung in den Lehrplänen, werden dazu mögliche Scaffolds für die digitale Systemanwendung vorgestellt. Abschließend wird die Position des Systems *Siemens NX* in einer kurzen Marktanalyse verortet und damit der Übergang zur Erarbeitung geschaffen.

Alle inhaltlichen Vorüberlegungen sind bereits in den Kapitel 2 und 3 erarbeitet. Die genutzte Präsentation zum Einstieg ist im Anhang III aufgeführt.

4.2.2 Siemens NX – Benutzeroberfläche und Schnittstellen

Wie bereits in Kapitel 2.3.5.2 beschrieben, bietet *Siemens* flexible Möglichkeiten für die Programmvoreinstellungen in *NX*. Mit dem genannten Rollenmanagement lässt sich die grafische Benutzeroberflächen[11] GUI in vielen Dimensionen an die Bedürfnisse verschiedener Anwendungsszenarien anpassen. In Verbindung mit dem Ziel, den Lehrkräften die Interaktion mit der Benutzeroberfläche möglichst einfach zu ermöglichen, wird die Darstellung und Dialogführung in Anlehnung an die EN ISO 9241 angepasst.

Als erstes werden alle Funktionen entfernt, die nicht für die Aufgabenbearbeitung erforderlich sind. Die wichtigen Informationen sind damit ablenkungsfrei, da sie ohne weitere dargestellte Funktionen in der Wahrnehmbarkeit nicht gestört werden können [ISO10, Teil 125 S. 15]. Damit erfüllt die Oberfläche auch die Anforderung der Kompaktheit, wie in Abbildung 14 und Abbildung 15 zu vergleichen ist.

---

[11] Abk. GUI, für engl. Graphical User Interface

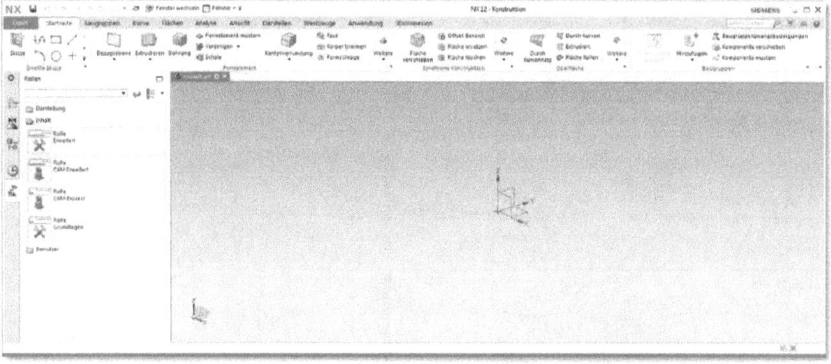

Abb. 14: Standard Benutzerrolle CAD „Erweitert"

Abb. 15: Angepasste Benutzerrolle CAD „Lehrerfortbildung"

Im nächsten Schritt wird die visuelle Strukturierung der Informationen in ihrer Anordnung und Beschriftung optimiert. Es werden die nach dem Reduzieren noch übrigen Funktionen in weitere Untergruppen sortiert, wie die rechte Markierung in der folgenden Darstellung zeigt (siehe Abb. 16). Zusätzlich wird die Dichte wichtiger grafischer Elemente reduziert, damit die visuelle Unterscheidung von Funktionen erleichtert wird und die GUI nicht „überladen" wirkt [ISO10, Teil 125 S. 16-18]. Mit beigefügter Beschriftung zeigt die linke Markierung in Abbildung 16 (Seite 47) häufig genutzte Funktionen der CAM-Oberfläche.

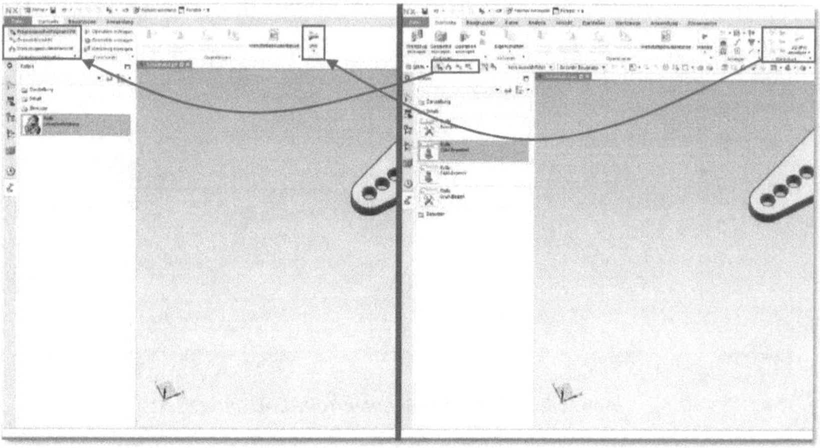

Abb. 16: Vergleich GUI für CAM rechts „Erweitert" und links „Lehrerfortbildung"

Zuletzt werden die Dialoge weitestgehend angepasst, damit der Benutzer beim Erlernen der Nutzung des interaktiven Systems unterstütz und angeleitet werden kann [ISO10, Teil 110 S. 12]. Die dann eingerichtete Oberfläche wird als Rolle standardmäßig in dem aktiven Benutzerverzeichnis abgelegt und kann jederzeit wieder aufgerufen werden.

Die Interaktion der Lehrkräfte in dieser GUI erfolgt über die Tastatur und Maus, weitere Eingabegeräte sind nicht verfügbar. In den Hilfestellungen für die Lehrkräfte werden die wichtigen Funktionen zur Verwendung von Maus und Tastatur in *NX* aufgelistet.

4.2.3 Siemens NX – Umsetzung der CAD/CAM-Aufgabenstellung

Die CAD/CAM-Aufgabenstellung ist als Einführung in die Verwendung von Siemens NX zur digitalen Fertigung entwickelt. Neben der angepassten Benutzeroberfläche werden die Aufgabenstellung und die dazugehörigen Unterlagen und Hilfestellungen inhaltlich und methodisch nach dem Prinzip des Scaffolding konzipiert.

Die Aufgabenstellung ist in geschlossene Aufgabenbereiche strukturiert, die als einzelne Einheiten der CAD/CAM-Prozesskette die Lektionen abbilden (vgl. Kapitel 4.1). Diese Einheiten werden vereinzelt mit Informationen ergänzt, die zwar nicht für die Aufgabenlösung direkt, aber für die administrative Vorbereitung zur Einrichtung der entsprechenden Systemumgebung nötig sind. Im Hintergrund des schulpraktischen Einsatzes sind diese Hinweise für die Lehrkräfte wichtig, um den Aufwand der Vorbereitungen des Systems einschätzen zu können.

In der ersten Lektion bekommen die Lehrkräfte eine systemorientierte Übersicht über verwendbare Eingabebefehle. Eine Einführung in den Umgang und die zielgerichtete Umsetzung des Lernträgers setzt voraus, dass die grundlegenden Begriffe und Befehle zur Interaktion bekannt sind. Im Sinne des Scaffolding werden die möglichen Funktionen jedoch nur auf die tatsächlich für die Aufgabenlösung notwendigen reduziert. Die Übersicht ist im Anhang IV unter „Eingabebefehle" zu finden. Piktogramme verdeutlichen in der Hilfestellung die Eingaben und bleiben identisch in den weiteren Fortbildungsunterlagen.

Anschließend wird die CAD-Aufgabe vorgestellt (Anhang V), in der eine kurze Anweisung zum Auftrag, der Lernträger und die bereits vorgestellte Benutzeroberfläche wiederzufinden sind. Die begriffliche Aufschlüsselung der Benutzeroberfläche dient dabei als Unterstützung in der Kommunikation. Weitere Arbeitsunterlagen sind die CAD-Zeichnung des Bauteils (Anhang VI) sowie die Schritt-für-Schritt Anleitung (vgl. Anhang VII, aufgrund des Umfangs nur Beispielhaft). Die CAD-Anleitung soll die Lehrkräfte durch einfache selbsterklärende Hinweise und ohne zeitlich aufwändige Textbeschreibungen durch die Skizzierfunktionen zu der 3D-Bearbeitung führen. Für den Fall, dass Lehrkräfte eher mit Aufgabenlösung abschließen, kann die Aufgabenstellung mit dem Auftrag zur individuellen Anpassung des Schalthebels mit Taschen ergänzt werden.

Die Aufgabenstellung für die CAM-Bearbeitung ist in der Vorgehensweise identisch mit der CAD-Aufgabe. Die Lehrkräfte erhalten ein Arbeitsblatt mit einigen Hinweisen (Anhang VIII) und die entsprechende Anleitung (Anhang IX). Die grafischen Instruktionen leiten durch die einzelnen Schritte und werden ab der zweiten sich wiederholenden CAM-Operation durch eine übersichtliche Eingabeliste abgelöst (Anhang X). Die Arbeitsschritte wiederholen sich ab hier und sollen ein selbstständiges erarbeiten fördern.

Die letzte Einheit ist die Simulation des CAM-Programms auf der virtuellen Fertigungsmaschine. Hier erfolgt der Auftrag deckungsgleich mit der CAD- und CAM-Aufgabenstellung. In Übereinstimmung stehen den Lehrkräften zum Aufgabenblatt (Anhang XI) die Schritt-für-Schritt Anleitung zur Verfügung (Anhang XII).

4.3 Konzeption der Untersuchung

Es gibt keine öffentliche Rechenschaftslegung über die Qualität von Lehrkräftefortbildungen und ihrer Wirkung. Daher gibt es auch keine Auskunft darüber in der letzten nationalen Bildungsberichterstattung „Bildung in Deutschland“ 2016 [Gro+18, S. 11]. Wenn eine Fortbildung als etwas angesehen wird, zu der viel Vor- und Nachbereitung wie das direkte Erproben und Reflektieren im eigenen Unterricht gehört, fehlt wohl schlicht die Zeit für eine umfangreiche Evaluation. Zumal strukturell über 80 % der Fortbildungen höchstens eintägig verlaufen [Gro+18, S. 45]. Die Motivation für die vorliegende Untersuchung ist hingegen die kulturell orientierte Forderung der Wissenschaft, ihre Tätigkeit in der Entwicklung und Erprobung durch Evaluation zu bewerten [Rei08, S. 66]. Dazu soll die Evaluation auf aktuelle wissenschaftliche Techniken und Methoden zurückgreifen [Hel12, S. 30].

Für das didaktisch-methodische Handeln in der Lehrkräftefortbildung werden in dem nachfolgenden Abschnitt Evaluationsmodelle und Merkmale beschrieben, die für den Gegenstandsbereich dieser Arbeit relevant sind. Die zentrale Zielsetzung ist dabei, wichtige Merkmale einer Fortbildung zu präzisieren und ihre Bedeutung für den tatsächlichen Erfolg dieser Entwicklungsarbeit zu erfassen.

4.3.1 Forschungsdesign und Instrument

In diesem Kapitel sollen keine unterschiedlichen Evaluationsinstrumente und Methoden an sich geprüft, sondern auf bereits etablierten Bezug genommen werden. Die Untersuchung muss sich für eine Lehrkräftefortbildung allgemein und das lehrmäßige Ziel der Vermittlung digitaler Fertigungsprozesse unter Verwendung von *Siemens NX* eignen.

Aufgrund der einmaligen Erprobung und der geringen Stichprobe sind quantitative Forschungsmethoden vorweg auszuschließen. Die qualitative Forschung hingegen kommt mit einzelnen Äußerungen aus, die interpretativ verarbeitet werden. Diese nichtnummerischen Daten erfordern eine differenzierte Auseinandersetzung mit dem Untersuchungsgegenstand. Unter Beachtung ihrer eigenen Gütekriterien, sollen sowohl interne als auch externe Beobachtungen einen Zugang zu qualitativen Informationen ermöglichen.

Bei der Frage nach dem Gegenstand der Evaluation sind die vier Stufen nach *Lipowsky* zu unterscheiden (vgl. dazu Kapitel 3.1.2), auf die auch die Autoren *Aldorf* und *Koch* verweisen [Ald16, S. 88; Koc16, S. 12]. Etwa die unmittelbaren Reaktionen der teilnehmenden Lehrkräfte, ihrem Lernzuwachs, die Veränderung ihres unterrichtlichen Handelns und den resultierenden Auswirkungen auf ihre Schülerinnen und Schüler (Abb. 17).

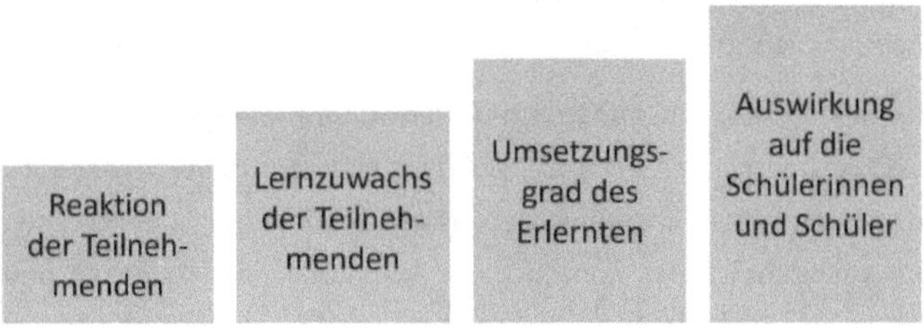

Abb. 17: Stufenmodell einer Fortbildung nach Lipowsky

Oft geht die Evaluation einer Fortbildung nicht über die erste Stufe hinaus. Dazu sind die Fortbildungen überwiegend zu kurz und nicht jedes Ziel lässt sich im Lernerfolg überprüfen. Aber erst ab der zweiten Stufe kann im engeren Sinne die Wirksamkeit einer Fortbildung bewertet werden [Gro+18, S. 131]. Auch wenn diese nicht durchgängig nachzuweisen ist, soll sie nach Möglichkeit mit den genutzten Untersuchungsinstrumenten erfasst werden. Die letzten beiden Stufen fallen aus einem möglichen Beobachtungszeitraum raus.

Im Hinblick auf die ersten beiden Stufen und eine externe und interne Evaluation erscheinen vor allem zwei Instrumente geeignet. Zum einen bieten Fragebögen, die durch die Teilnehmenden auszufüllen sind, eine umfangreiche externe Datensammlung. Zum anderen ist die Selbstevaluation mit eigenen Beobachtungen ein Instrument um weitere Effekte und ihren Kontextbezug zu erkennen.

4.3.2 Fragebögen

Fragebögen werden häufig in Erhebungsphasen diverser Studien genutzt. Für die zu wählenden Fragen gilt, dass sie im elementaren Zusammenhang die Wirksamkeit der Erprobung mitbestimmen. Insgesamt soll die Befragung jedoch nicht zu viel Zeit beanspruchen und dennoch genügend Informationen liefern. Dazu eignen sich überwiegend geschlossene Fragen. Offene Fragen hingegen können auch verborgene Attribute der Fortbildung aufdecken. Um beide Vorteile zu nutzen, ist eine Konstellation offener wie auch geschlossener Fragen in der Erhebung vorgesehen.

Für diese Untersuchung werden zu Beginn der Erprobung wesentliche Merkmale der teilnehmenden Lehrkräfte erfasst. Die Variablen gelten als Voraussetzung für die Differenzierung weiterer Ergebnisse. Dazu gehören demographische Merkmale, Eingangserwartungen und Motivation sowie Vorerfahrungen. Diese Parameter lassen Rückschlüsse aus weiteren Beobachtungen zu und werden in der Evaluation in den Kategorien „Vorkenntnisse" und „Erwartungen" der Teilnehmenden untersucht.

In der abschließenden Erhebung nach der Erprobung werden die unmittelbaren Reaktionen der Teilnehmenden erfasst. Die Rückmeldungen sollen dabei auf zwei Ebenen erfolgen. Auf der ersten Ebene werden Fragen zu einer individuellen Einschätzung der Fortbildung hinsichtlich des Konzepts, der Methoden, der Aufgaben und Unterlagen gestellt. Dies entspricht auch der ersten Stufe der Evaluation nach *Lipowsky* und ähnlichen Stufenmodellen [Hel12, S. 43]. Auf der zweiten Ebene ist die Wirksamkeit in Bezug auf den Lernzuwachs einzuschätzen. Die Ergebnisse der ersten Ebene, wie die Relevanz der Inhalte, die Zufriedenheit mit dem Angebot und die Akzeptanz der Methoden, unterstützen die intersubjektive Nachvollziehbarkeit der getroffenen Aussagen in Bezug zur zweiten Ebene der Evaluation. Um die entsprechenden Daten aus der Befragung zu erhalten, werden Oberkategorien zur „Fortbildungsdurchführung" und „Fortbildungsinhalten" gebildet, wobei die Struktur der Inhalte noch weiter in die „didaktische-methodische Umsetzung" und „inhaltliche Relevanz" geteilt werden. Überwiegend sollen dazu Aussagen in einer Skalenbewertung und offenen Fragen getroffen werden (siehe Anhang XIII).

4.3.3 Beobachtung

Die persönliche Beobachtung als Form der Datenerhebung kann unterschiedliche Merkmale erfassen. Als teilnehmende Beobachtung soll sie Ereignisse beschreiben und gleichzeitig am Geschehen mitwirken. Da man jedoch aktiv am Gegenstand der Beobachtung teilnimmt, muss bei der Durchführung umso mehr die Objektivität berücksichtigt werden. Als Gütekriterium kann die Objektivität bei der Erhebung durch strukturiertes Vorgehen erreicht werden. So ist erst zu beobachten, dann neutral das Beobachtete zu formulieren und erst im Anschluss eine Interpretation durchzuführen. Ein standardisierter Beobachtungsbogen unterstützt die Forderung der Objektivität und erleichtert die Dokumentation.[12]

---

[12] http://blogs.uni-paderborn.de/fips/category/durchfuehrung/beobachtung, aufgerufen am 10.01.2019

Es stehen unzählige Beobachtungsbögen für eine Unterrichtsdiagnostik zur Verfügung. Sie lassen entweder eine Aussage über Skalenangaben zu oder halten Freitext-Felder zu verschiedenen Kategorien der Beobachtung bereit. Kategorisiert werden dabei üblicherweise Bereiche wie Beobachtungen zum Lernerfolg, Lernmaterial und weitere. Da bei der aktiven Teilnahme wenig Zeit für umfangreiche Beobachtungen bleibt und objektive Beobachtungen zu eigenem Lehrverhalten kaum möglich sind, wird in diesem Fall ein bestehender Bogen entsprechend angepasst und reduziert. Als Vorlage dient der standardisierte Beobachtungsboden des Zentrums für schulpraktische Lehrerausbildung Bielefeld, die abgeänderte Version ist im Anhang XIV beigefügt.

Die Perspektive der Beobachtung liegt nicht auf einer Selbstevaluation, sondern richtet sich auf die Teilnehmenden, um vor allem ihren Lernzuwachs zu verfolgen. Einige Merkmale sind jedoch beiden Perspektiven zuzuordnen und lassen sich nicht vollständig voneinander trennen. So kann die Beobachtung des Kompetenzerwerbs an den Teilnehmenden Anlass dazu sein, das eigene Handeln zu reflektieren, gegebenenfalls anzupassen und damit den Lernprozess zu unterstützen.

5 Erprobung und Evaluation der Lehrkräftefortbildung

Aufgrund des wissenschaftlichen Ansatzes dieser Lehrkräftefortbildung ist festzustellen, ob die Überlegungen zur Kompetenzentwicklung im Bereich digitaler Fertigungsprozesse erwartete Effekte erzielen. Die Vorgehensweise und Methodik wurde bereits für die pilothafte Erprobung im Detail festgelegt. In der nun folgenden Durchführung und Ergebnisgewinnung wird überprüft, ob die Akzeptanz sowie die gewünschten Auswirkungen der geplanten Fortbildung erreicht wurden.

5.1 Erprobung der Lehrkräftefortbildung

Die vorliegende Durchführung beruht auf der Annahme, dass Lehrkräfte einen Qualifizierungsbedarf zu digitalen Fertigungsprozessen unter Bezugnahme der neuen, gültigen Lehrpläne haben. Dabei sind die Anforderungen einer Fortbildung, die gegebenen Strukturen und Rahmenbedingungen mit den entwickelten Inhalten und Methoden zu vereinbaren gewesen. Die Umsetzung schulischer Qualifizierungsmaßnahmen unterliegt jedoch vielen Variablen, die erst im Verlauf der Durchführung erfasst werden können und Einfluss auf die Wirksamkeit nehmen. Um diese bei der Ergebnisgewinnung zu berücksichtigen, ist die ausführliche Dokumentation und Beschreibung des tatsächlichen Ablaufs erforderlich.

5.1.1 Tatsächliche Rahmenbedingungen

Die Lehrkräftefortbildung wurde wie geplant im PC-Raum R923 des Carl-Severing-Berufskollegs für Metall- und Elektrotechnik der Stadt Bielefeld durchgeführt. Der Raum war für den gesamten Tag reserviert, die davon betroffenen Personen waren im Voraus informiert und sind auf andere Räume ausgewichen.

Technisch wurden die insgesamt 15 Arbeitsplätze zwei Tage vor der Erprobung mit den nötigen Systemdaten und Einstellungen für die Lektionen in *Siemens NX* vorbereitet und positiv getestet. Lediglich bei dem Gastzugang für die Lehrkräfte stellte sich das Problem dar, dass die Benutzerrolle nach dem Abmelden des Gastzugangs nicht gespeichert blieb und wieder aus dem Verzeichnis gelöscht wurde. Eine Lösung konnte bis zum Tag der Fortbildung nicht generiert werden, weshalb die Administratoren alle PCs zu Beginn gestartet und die nötigen Daten hinterlegten hatten. Das schränkte jedoch nicht die Durchführung ein, da die PCs durchgehend an diesem Tag in Betrieb bleiben sollten und die Benutzerrolle im Fall eines Neustarts über die Systemoberfläche von *Siemens NX* neu geladen werden konnte.

Da in den übrigen Räumen regulärer Schulbetrieb herrschte, kam es wenige Male zu kurzen Störungen, weil Schüler ihre Raumverlegung versäumt hatten oder in dem benachbarten Werkstattlabor einen Kaffee beziehen wollten. Dies führte jedoch nicht zu merklich starken Unterbrechungen.

Es hatten sich 15 Lehrkräfte angemeldet, von denen sich zwei kurzfristig aufgrund persönlicher Unpässlichkeit oder Erkrankung des Kindes entschuldigen ließen. Alle anderen sind frühzeitig eingetroffen. Ein anonymisierter Überblick über die anwesenden teilnehmenden Personen aus den unterschiedlichen Berufskollegs gibt die nachfolgende Tabelle 5.

Tab. 5: Teilnehmende der Berufskollegs

Berufskolleg	Teilnehmerzahl
RvW BK Paderborn	2
BK Lübbecke	1
AGB Löhne	3
BK Kreis Höxter	2
CSB M/E Bielefeld	3
CMB Gütersloh	2

Die Teilnehmerinnen und Teilnehmer hatten sehr unterschiedliche Lernvoraussetzungen. Laut der Eingangsbefragung nahm ein großer Anteil junger Novizen mit wenig Erfahrungsjahren in dem Bereich rechnergestützter Fertigung teil. Nur zwei Lehrkräfte waren über 51 Jahre und gehörten zu den wenigen Personen mit über zehn Jahren Berufserfahrung. Ein Teilnehmer gab auf dem Bogen sogar an, schon über 30 Jahre CAx-Anwendungen zu unterrichten. Weitere Angaben zu der Lerngruppe werden in Kapitel 5.2.1 dargestellt zur weiteren Auswertung genutzt.

5.1.2 Tatsächlicher Verlauf

Mit Blick auf die detailliert geplanten Verlaufsphasen, sind mögliche Abweichungen in der tatsächlichen Umsetzung festzuhalten. Dadurch können auch ungeplanten Ereignisse in der summativen Evaluation zur Bewertung der Ergebnisse herangeführt werden. Die Beschreibung orientiert sich chronologisch an der Synopse.

Die Lehrkräftefortbildung fand wie geplant am Montag, den 14.01.2019 statt. Die Arbeitskreisleitenden waren etwa eine Stunde früher anwesend, um bei den letzten Vorbereitungen des Tutors zu unterstützen. Alle anderen Teilnehmenden kamen pünktlich zu Beginn der Fortbildung und haben sich zügig an einen Arbeitsplatz eingefunden. Da die Anmeldung der Gast-Benutzer und das Laden der Benutzerrollen in *NX* durch die Administratoren bereits erfolgte, fiel dieser Punkt im späteren Verlauf aus.

Der Schulleiter begrüßte die teilnehmenden Lehrkräfte pünktlich um 9:00 Uhr und übergab an die Arbeitsvorsitzende. Recht zügig ging schließlich das Wort an den Tutor, wodurch hier in Summe 15 Minuten eher als erwartet mit der Einführung durch den Vortrag begonnen werden konnte. Entsprechend der Planung stellte der Tutor zunächst vor und führte die Eingangsbefragung durch. Danach folgte die Präsentation der Zielsetzung, Tagesstruktur und der Einstieg in das Thema. Einzelne spontane Beiträge der Anwesenden ergänzten die Präsentation während des Vortrags, bei dem geplanten Erfahrungsaustausch am Ende fielen sie dagegen sehr gering aus. Die Einführung endete schließlich um 10:00 Uhr und ging in die Kaffeepause über.

Die erste Lektion begann ab 10:20 Uhr mit dem Start der praktischen Systemanwendung und einer Erläuterung der Arbeitsunterlagen. Da die Nutzer bereits angemeldet und die Rollen geladen waren, wurde die Erläuterung der Eingabebefehle mit entsprechendem Hilfsblatt unbeabsichtigt übersprungen. Dies fiel erst kurz nach Anweisung zur eigenständigen Aufgabenbearbeitung auf und wurde unmittelbar nachgeholt. Dazu mussten alle Lehrkräfte ihren Prozess unterbrechen und die Aufmerksamkeit wieder zum Tutor richten. Bei dieser Gelegenheit nutzte der Bereichsleiter der Berufsschule spontan die Zusammenkunft, um die Lehrkräfte zu begrüßen und in einigen Minuten Informationen zur Einführung der Software am örtlichen Berufskolleg weiterzugeben. Nachfolgend arbeiteten die Lehrkräfte wieder selbstständig und lösten zügig die erste Aufgabe. Da einige in der Direktbetreuung schon die Funktionen zur Bemaßung und Zwangsbedingung erfragt hatten, fiel die gemeinsame Besprechung dieser Funktionen mit Anweisung zur weiteren Aufgabenstellung im Plenum aus und wurde bei Bedarf noch mit einzelnen Lehrkräften besprochen. Zum Ende der ersten Lektion hatten alle Lernende die erste CAD-Aufgabenstellung vollständig abgeschlossen. So konnte pünktlich um 12:00 Uhr die Mittagspause beginnen.

Bevor sich die Lehrkräfte nach Verzögerung um 12:55 Uhr die CAM-Programmierung vornahmen, wurde die Datenbankstruktur der *Siemens NX* Installation für benutzerdefinierte Werkzeugeinstellungen erläutert. Dann begannen die Lehrkräfte die eigenständige Bearbeitung der Aufgabenstellung. Hierbei häuften sich Schwierigkeiten beim Wechsel der Hilfestellung von der geführten Anleitung auf die Operationsauflistung. So war eine stärkere Betreuung der einzelnen Teilnehmenden nötig, die den Arbeitsfortschritt stark verzögerte. Erst um 14:35 Uhr war ein Teilnehmer mit der Aufgabenstellung vollständig fertig, ohne erforderliche Hilfestellung des Tutors. Zu diesem Zeitpunkt war die Ausführung der anderen Lehrkräfte so stark im Rückstand, dass die Bearbeitung unterbrochen wurde und die Operationen „Anbohren" und „Bohren" über den Videoprojektor vorgeführt wurden. Anschließend probierten einige Lehrkräfte die Eingaben erneut aus, die selbstständig Bearbeitung wurde jedoch aufgrund des Zeitverzugs um 14:45 Uhr durch den Tutor beendet.

Nach einer kurzen Kaffeepause und Rücksprache mit der Gruppe, zeigte der Tutor das Lösen der dritten Lektion um 14:55 Uhr entgegen der Planung im Plenum. Um 15:05 Uhr wurden dann die übrigen Funktionen „Kollisionskontrolle", „Werkstattdokumentation" und „Postprozess" ausgeführt und offene Fragen geklärt. Relativ pünktlich wurde damit geendet und in die Abschlussbefragung eingeleitet. Zuletzt übernahm die Arbeitskreisvorsitzende ab 15:20 Uhr wieder das Wort und bat jeden Anwesenden um ein direktes Feedback für die Veranstaltung. Damit endete sie und verabschiedete die Lehrkräfte schließlich um 15:40 Uhr.

5.2 Summative Evaluation

Das Hauptinteresse dieser Wissenschaft-Praxis-Kooperation gilt den Fragen, welche Merkmale eine ergiebige und motivierende Lehrkräftefortbildung zeigt und welche Methoden sich für die Ausbildung an digitalen Systemen eignen. Letzteres soll dabei selbst Teil des Inhalts der Fortbildung werden.

In der qualitativen Aktionsforschung fließen gewonnene Ergebnisse und Erfahrungen in neue Forschungsprozesse zyklisch ein. Das didaktisch-methodische Vorgehen soll auf dessen Viabilität geprüft werden und auch hier auf eine forschende Lehrtätigkeit formativ wirken. Jedoch ist mit der einmalig durgeführten und abgeschlossenen Erprobung der Fortbildung kein rekursives Nachsteuern des konkreten Angebots geplant, weshalb ein summatives Evaluieren im Hinblick auf die Forschungsfragen erfolgt.

Die summative Evaluation lässt sich laut *Hellmig* sehr eingängig von der formativen Evaluation durch die folgende Beschreibung unterscheiden: „Wenn der Koch die Suppe probiert, ist das formativ; wenn der Gast die Suppe probiert ist das summativ.“ [Stake in Scriven 1999, S. 169, zitiert nach Hell12, S. 31].

Im folgenden Abschnitt werden die erfassten Daten der genutzten Untersuchungsinstrumente zur abschließenden Ergebnisgewinnung herangezogen. Für die Datenerhebung wurden die 13 anwesenden Lehrkräfte zu Beginn und zum Ende der Fortbildung gebeten, die vorbereiteten Fragebögen auszufüllen. Die Summe dieser externen Evaluation bildet die Grundlage und wird mit den Beobachtungen zusammengestellt, um Rückschlüsse auf die Beantwortung der Untersuchungsfragen zu ziehen. Dazu werden die Aussagen der Teilnehmenden zunächst inhaltsanalytisch in ihrer Komplexität reduziert und die jeweiligen Aspekte auf das Kategoriensystems bezogen (vgl. Kapitel 4.3.2).

5.2.1 Auswertung der Eingangsvoraussetzungen

Der erste Fragebogen legte den Schwerpunkt auf die Eingangsbedingungen der Lehrkräfte. Einleitend ist über die Stichprobe zu sagen, dass sie eine sehr heterogene Ausprägung von Vorerfahrungen und weiteren Merkmalen aufweist. Demografisch lag die Altersgruppe zwischen Ende zwanzig bis Anfang sechzig Jahren. Ein großer Anteil aber zwischen dreißig und vierzig. Auch die Angaben zu den Erfahrungsjahren und dem aktuellen Unterrichtseinsatz in der rechnergestützten Fertigung lagen weit auseinander, jedoch mit wenig Bezug zum Alter. So fällt eine Lehrkraft mittleren Alters auf, die sich erste Erfahrungen in dem Bereich aneignete, während zwei jüngere Teilnehmende fast eine Dekade und etwa die halbe Unterrichtsverpflichtung schon damit beschäftigt waren. Der überwiegende Teil, etwa dreiviertel der Befragten, unterrichtete jedoch nur bis zu acht Stunden in der Woche und zeigte eine geringere Professionalisierung. Wie aus der Tabelle 6 (Tab. 6, Seite 58) zu entnehmen ist, war das dabei verbreitetste System *SolidWorks*, gefolgt von *Inventor*. Auf einem der Bögen war ergänzend zu *Inventor* angemerkt, dass *NX* bereits an der Schule eingeführt wird und erste Erfahrungen mit dessen CAD-Oberfläche vorhanden sind, jedoch nicht mit der CAD/CAM-Prozesskette.

Tab. 6: Vorerfahrungen

Alter	Teilnehmerzahl
< 35	6
36-50	5
> 51	2
Erfahrungsjahre	**Teilnehmerzahl**
< 2	4
2-10	5
> 10	4
Stundeneinsatz	**Teilnehmerzahl**
< 9	9
9-14	3
> 14	1
Systemstand	**Teilnehmerzahl**
Inventor	5
SolidWorks	8
NX	0

Exemplarisch werden hier auch einige Aussagen über die Erwartungen der Lehrkräfte genannt. Die systematische Auswertung erfolgt anschließend. Zur inhaltlichen Erfassung und Reduzierung der Angaben werden die Rückmeldungen zu semantischen Einheiten verknüpft.

Typische Rückmeldungen darauf, welche Motivation und Erwartung die Teilnehmenden am Anfang hatten, lauteten:

- „Einblick in die schulische Eignung von NX“
- „Das ich ein einfaches 2D-Teil in NX-CAM fräsen kann.“
- „Einstieg in Siemens NX bekommen“
- „Konkretes Beispiel zum Einsatz des Programms im Unterricht“
- „Erweiterung meiner Fachkompetenzen im Bereich der Programmierung“

Die Lernmotivation war als Merkmal durch zwei Item in Form offener Fragen an die Teilnehmenden gestellt. Zum einen durch die Frage der konkreten Motivation für die Fortbildung und zum anderen durch die Erwartungen an die Fortbildung. Die Ergebnisse der Untersuchung zeigen, dass vor allem zwei Aspekte für die Lehrkräfte im Vordergrund standen. Demnach waren neun Lehrkräfte fachlich motiviert, das System *Siemens NX* kennenzulernen, Vor- und Nachteile zu prüfen und mit ihren aktuell eingesetzten Systemen zu vergleichen. Eine weitere Person gab an, *NX* nur im Bereich der CAM-Oberfläche kennenlernen zu wollen. Allgemeiner hielten sich zwei Lehrkräfte, die ihre Fachkompetenz grundsätzlich im Bereich der rechnergestützten Fertigung verbessern oder erweitern wollten. Als anderen Motivationsgrund gaben sechs Teilnehmende an, Methoden und Beispiele für den praktischen Unterrichtseinsatz digitaler Werkzeuge bekommen zu wollen, weg von dem Prinzip „Vormachen-Nachmachen".

5.2.2 Auswertung der direkten Reaktionen und des Lernzuwachses

Der zweite Fragebogen im Anschluss der Durchführung sollte die direkten Reaktionen der Teilnehmenden zur Fortbildung und eine knappe Selbsteinschätzung über gelernten Inhalt wiedergeben. Die zurück gemeldeten Antworten fielen bei den offenen Fragen unterschiedlich deutlich aus. Im Zusammenhang mit den inhaltlich dazugehörigen Skalenbewertungen lässt sich jedoch ein gutes Gesamtbild der Rückmeldungen erkennen. Dabei fließen sowohl kritische als auch lobende Elemente in die Auswertung der Ergebnisse ein. Die wichtigsten Aussagen des zweiten Fragebogens sind nachfolgend erörtert.

Auffällige Aussagen der Lehrkräfte nach der Erprobung zu gelernten Inhalten waren zunächst beispielhaft:

- „neue Aspekte für die Unterrichtsgestaltung"
- „Didaktischer Ansatz: mittels prägnanter aber übersichtlicher Anleitung in ein Programm einführen."
- „CAD- u. CAM-Programmierung mit NX, Vor- u. Nachteile der Fertigung mit Siemens NX"

Die Auswertung der Daten lassen in Bezug zur strukturellen und inhaltlichen Akzeptanz des Fortbildungsangebots wie auch zur didaktisch-methodischen Wirksamkeit der Inhalte einige Merkmale erkennen. Systematisch erfolgt die Auswertung in den ersten beiden Stufen einer Lehrkräftefortbildung nach dem Modell von *Lipowsky* (vgl. Kapitel 4.3.1). Zunächst werden die unmittelbaren Reaktionen der Teilnehmenden in Bezug zu Merkmalen wirksamer Fortbildungen betrachtet, anschließend wird ein möglicher Lernzuwachs geprüft.

1. Stufe: Reaktionen der Lehrkräfte

Die organisatorische Durchführung der Fortbildung wurde von den Teilnehmenden überwiegend als eher strukturiert wahrgenommen, während der zeitliche Umfang in der Auswertung streut. Einige empfanden den zeitlichen Rahmen angemessen, während andere dem nur teilweise zustimmen, jedoch ohne Angaben von Gründen. Die diffusen Rückmeldungen sind unabhängig von Erfahrungen, Erwartungen oder ähnlichem. Auffällig ist nur, dass Kollegen mit einem langsameren Arbeitsfortschritt und größerem Unterstützungsbedarf eher den Zeitrahmen bemängelten als im Vergleich eine Lehrkraft mit hohem Unterrichtseinsatz in diesem Bereich, die schnell und ohne Unterstützung zu den Aufgabenlösungen gelangte und den zeitlichen Umfang passend fand.

Inhaltlich ist eine hohe fachliche Übereinstimmung mit den formulierten Zielen der Fortbildung und der Motivation oder Erwartung der Lehrkräfte erkennbar. Den Einstieg in die neue Anwendung von *Siemens NX* haben viele auch als solchen empfunden. Eine teilnehmende Person, für die die schulische Eignung von *NX* von ursprünglichem Interesse war, hatte letztlich den Fokus mehr auf die Arbeitsblätter gelegt und diese positiv bewertet. Diese Lehrkraft hat auch die entsprechende didaktisch-methodische Umsetzung als praktikabel empfunden.

Die Wahrnehmung der anderen Lehrkräfte hingegen, die eingangs Modelle und Beispiele für einen unterrichtspraktischen Einsatz der Inhalte erwarteten, empfanden die didaktisch-methodische Umsetzung weniger praktikabel, bezogen sich aber nur auf die Ausführung und konkret auf fehlende textliche Anweisungen in den Unterlagen. Sie gaben in den offenen Äußerungen zurück, dass die Unterlagen und das Konzept gut seien. Auch sei die Atmosphäre motivierend und die Unterstützung hilfreich gewesen, was in Summe die Methode des geplanten Scaffolding erfüllt. Lediglich im Hinblick auf das Scaffold des anspruchsvollen Lernziels gab eine Lehrkraft abschließend an, sich ein weniger komplexes Beispiel als Lernträger zu wünschen, um Wesentliches besser zu erkennen.

2. Stufe: Lernzuwachs der Lehrkräfte

Bezogen auf die gesetzten Ziele, die Fach-, Infrastruktur-, Prozess- und Methodenkenntnisse der Teilnehmenden zu verbessern, formulierten nicht alle Lehrkräfte eine Zunahme. Die Person, die noch keinen unterrichtlichen Einsatz in der rechnergestützten Fertigung hatte und mit dem Thema neu vertraut war, schrieb grundlegende Funktionen von CAD/CAM kennengelernt zu haben. Eine erfahrene Lehrkraft hat dagegen keine wesentlichen Unterschiede zwischen *NX* und ihrem bereits genutzten System *SolidWorks* festgestellt. Was für viele aber neu erschien, waren die didaktischen Ansätze, die einige auch beabsichtigen in ihrem unterrichtlichen Einsatz zu berücksichtigen. Eine nachhaltige Wirkung für die eintägige Fortbildungsveranstaltung zu definieren bleibt indes schwierig. Bezogen auf die Systemanwendung stellen die Lehrkräfte teils ganz klar unterschiedliche Ergebnisse für sich fest. Bezogen auf ihr unterrichtspraktisches Handeln lässt sich aber nur vermuten, dass neue Impulse für lernförderliche Methoden bis in den Schulunterricht gelangen. Vielleicht ist diese Annahme durch das nachträgliche Interesse der Teilnehmenden abzuleiten, sämtliche Unterlagen der Fortbildung in digitaler Form weiter verwenden zu dürfen.

Die externe Evaluation mit einigen Aspekten der Beobachtung zeigt, dass das größte Interesse der Lehrkräfte an der konkreten Anwendung von *Siemens NX* lag. Das mag daran liegen, dass sich der Arbeitskreis Rechnergestützte Fertigung schon über einen längeren Zeitraum für die Systemlösung von *Siemens* interessierte. Die CAD/CAM-Prozesskette an sich ist keine neue Technologie, nur dass *Siemens* umfangreichere Funktionen anbietet. Eine erfahrenere Lehrkraft gibt dazu an, dass die Systeme sich wesentlich ähneln und mögliche Stärken der Software im Schulalltag kaum zum Tragen kommen. Andere sehen keinen nennenswerten Mehrwert oder kommentieren ablehnend die Menüführung, die nicht bedienerfreundlich sei. In diesem Zusammenhang war auch zu beobachten, dass trotz vorhandener Vorerfahrung der Teilnehmenden sowie der einfach gehaltenen Instruktionen und systemseitigen „Hilfe zur Selbsthilfe", die direkte Unterstützung des Tutors sehr oft in Anspruch genommen wurde. Der dadurch teils stockende Arbeitsfortschritt sollte nicht frustrieren, weshalb der kurzfristige Wechsel zum Ende der Fortbildung in einen Vortrag mit Präsentation der Arbeitsschritte folgte. Berücksichtig man die Lernziele aus Kapitel 4.1.1 (siehe Tab. 3), ist das prozedurale Wissen nicht vollständig erreicht. Die weiteren Aufgabenbereiche wurden zwar bearbeitet, lassen sich jedoch in ihrer nachhaltigen Wirksamkeit nicht messen.

6 Zusammenfassung und Ausblick

In der nachfolgenden Auseinandersetzung wird die Qualität der Untersuchung und den Ergebnissen betrachtet. Abschließend fasst die Reflexion die Arbeitsergebnisse zusammen und ordnet sie in den Kontext weiterführender Überlegungen ein.

6.1 Methodische Limitation der Evaluation

Bei einer qualitativen Untersuchung können ungewollte Einflüsse auf die Reaktionen und Beobachtungen der Teilnehmenden wie auch bei der Auswertung der erfassten Daten einwirken. Angefangen von Sympathien oder anderen Bindungen zu den Untersuchungspersonen ist es schwierig, Ereignisse objektiv zu differenzieren. Bei der vorliegenden Untersuchung ergab sich die Schwierigkeit, die verschiedenen Beziehungen zum Tutor neutral zu halten. Die persönliche Beobachtung zeigt, dass der Unterstützungsbedarf und die Betreuung von Diensthöheren häufiger vorkamen. Dadurch war auch die Wahrnehmung selektiv eingeschränkt und wichtige Aspekte blieben möglicherweise unbeobachtet.

Bei der Entwicklung eines fachinhaltlichen Fortbildungsangebots mit Verweis auf Unterrichtsmethodik stellt sich auch die Frage, welche Rolle die Lehrkräfte in einem solchen Lehr-Lern-Arrangement einnehmen. Vor allem, ob sie methodenadäquates Verhalten in den entsprechenden Lektionen zeigen und die Perspektive von Schülerinnen und Schülern einnehmen, die das erste Mal mit einem entsprechenden System arbeiten. In dieser Untersuchung war das nicht durchgängig der Fall, allein schon, weil zwei Lehrkräfte nicht mit der reduzierten Systemoberfläche arbeiten wollten und auf eine erweiterte zugriffen. Dafür sprechen auch die oft an den Tutor gestellten Fragen zum Hintergrund der durch die Instruktion geforderten Anweisungen. Die Lehrkräfte suchten häufig nach Verknüpfungen zu ihren bereits bekannten Erfahrungen mit anderen Systemen. Daher waren die minimalen Anleitungen für einige Lehrkräfte unzureichend informativ und der Tutor durch häufige Rückfragen stärker gefordert.

Das stattgefundene situierte Lernen als Organisationsform lässt zuletzt sehr viel Raum für individuelles Lerntempo und phasenweise vom Lernziel abweichende Fragenklärungen. Das erschwert eine teilnehmende Beobachtung durch den Tutor, da das Lernen in dieser Form das Helfersystem stark in Anspruch nimmt.

6.2 Ergebnisvergleich mit bekannten Forschungsergebnissen

Die vorliegenden Ergebnisse legen nahe, trotz der kleinen Stichprobe, dass ein großes Interesse auf Seiten der Lehrkräfte an den digitalen Fertigungsprozessen und deren methodischen Vermittlung liegt. Davon lassen sich einige bekannte Merkmale von Fortbildungen mit positiver Akzeptanz ableiten. Der enge Fachbezug in Anlehnung an die Unterrichtsforschung und die Verbindung von Input, Erprobung und Reflexion finden sich in vielen anderen Einzelstudien. Die Ergebnisse unterstreichen auch, dass für anspruchsvolle und wirkungsorientierte Lehrkräftefortbildungen Tutoren mit einer hohen Expertise in umfangreicher Quantität vorgehalten werden müssen [vgl. Gro+18, S. 13]. Dagegen lassen sich aus der Untersuchung keine soliden Rückschlüsse auf eine nachhaltige Wirksamkeit ableiten, was in eintägigen Formaten häufig erkannt wird [vgl. Hel12, S. 13]. Die Teilnehmenden reflektieren überwiegend das Fortbildungsgeschehen wie die inhaltlich-organisatorische Gestaltung, aber nur geringfügig die Übertragung auf ein Lernen der Schülerinnen und Schüler [vgl. Hel12, S. 117]. Wie und in welcher Form digitale Fertigungsprozesse vermittelt werden, bleibt von den individuellen Fähigkeiten und Erfahrungen abhängig. Die Ergebnisse zeigen wie anderen Studien auch, dass die erfolgreiche Aufgabenlösung mit neuen digitalen Werkzeugen teilweise davon abhängt, wie vertraut die Lehrkräfte im alltäglichen Umgang mit digitalen Technologien sind. Verallgemeinern lässt sich diese Aussage jedoch nicht, da auch hier trotz umfangreicher Vorkenntnisse, die Fortschritte der erfolgreichen Systemanwendung individuell stark variierten [vgl. Mül+10, S, 274]. Die größte Übereinstimmung zeigt sich darin, dass Bildungsstandards in einer Anwendungsdidaktik für digitale Systeme wie auch in angelehnten Fachbereichen fehlen und entwickelt werden sollten [vgl. Hon15, S. 261].

6.3 Reflexion mit Ausblick

Zeitlich konnte in einer derlei kompakten Fortbildung keine vollständige Einführung der Lehrkräfte in die komplexe Thematik und die didaktisch-methodische Umsetzung geleistet werden. Dies war auch nicht formuliertes Ziel. Vielmehr sollte ein Eindruck von einem neuen System für digitale Fertigungsprozesse und Impulse für eine fachgerechte Unterrichtsgestaltung vermittelt werden. In diesem Bezug ließen sich einige Aspekte zur Wirksamkeit der Maßnahme ableiten und methodische Prinzipien gewinnen.

Als Zufriedenheit über die erprobte Fortbildung lässt sich die Rückmeldung zur fachlichen Authentizität des Tutors, die kooperative und motivierende Atmosphäre sowie der enge Fachbezug deuten. Auch die Beachtung der Unterrichtsmethodik lässt auf ein wichtiges Merkmal einer guten Lehrkräftefortbildung schließen.

Der Lernprozess gestaltete sich jedoch sehr individuell und ermöglicht keine Verallgemeinerung der didaktisch-methodischen Wirksamkeit. Zu unterschiedlich waren die Benutzertypen und ihre Vorerfahrungen, um ihrem jeweiligem Arbeitskontext in Gänze gerecht zu werden. Zumal auch nicht von einer anerkannten Fachdidaktik für die Anwendungsvermittlung ausgegangen werden konnte. Dennoch erscheint der Ansatz, aus einer Kombination von Scaffolds in Anlehnung an ein Blended Learning, für den Lernprozess nutzbar und förderlich.

In diesem Zusammenhang eröffnen sich einige besonders interessante Fragen, die in der weiteren Schulentwicklung untersucht werden sollten. Zum einen sollte ein didaktisches Vorgehen grundsätzlich für die Anwendungsvermittlung digitaler Systeme evaluiert und definiert werden. In Bezug auf die genutzten Instruktionsunterlagen wäre zu prüfen, inwiefern textliche Anweisungen einen lernförderlichen Effekt bei den Schülerinnen und Schüler haben, um in die Systemanwendung zu leiten. Möglicherweise ist es als Offenlegung des Zwecks einzelner Arbeitsschritte motivierend oder unterstützt die weiterführende Kommunikation.

Zum Schluss ist zu bemerken, dass die gegenwärtige Bedeutung einer Lehrkräftefortbildung auch weiterhin ein hohes Maß hat. Kontinuierlich verändert sich die berufliche Realität von Schülerinnen und Schülern im dualen System. Vor allem die in der untersuchten Fortbildung zugrunde gelegten Fachinhalte sind seit 2018 sehr stark in den Fokus gedrungen, durch neue Rahmenlehrpläne und neue Zusatzqualifikationen. Eine wachsende Zahl von Berufsschulen im Bundesland NRW bieten die Zusatzqualifikation „Fachkraft für digitale Fertigungsprozesse" zu ihrer metalltechnischen Ausbildung an. Für die müssen auch Lehrkräfte qualifiziert werden.

Literaturverzeichnis

[Ald16] Aldorf, A.-M. (2016). Lehrerkooperation und die Effektivität von Lehrerfortbildung. 1. Auflage. Wiesbaden: Springer Fachmedien.

[Bac+16] Backes-Haase, A.; Bathelt, M. (2016). Lernfeld Innovation? Eine Bilanz nach 20 Jahren mit Fokus auf das Verhältnis von Fach- und Handlungssystematik. In: Wirtschaft & Erziehung. 4 (2016). Bonn: Bundesinstitut für Berufsbildung.

[Dub08] Dubs, R. (2008). Lehrerverhalten. Ein Beitrag zur Interaktion von Lehrenden und Lernenden im Unterricht. 2. Auflage. Zürich: Verlag SKV.

[Eck15] Ecker, M. (2015). Usability und Usability Engineering zur Gestaltung von Lernsystemen. User-centered Methoden zur nachhaltigen Entwicklung digitaler Bildungsangebote. Technischer Bericht 1 (2015). Weingarten: MEVis.

[Fis+97] Fischer, D.; Rolff, H.-G. (1997). Autonomie, Qualität von Schulen und staatliche Steuerung. Chancen und Risiken von Schulautonomie. In: Zeitschrift für Pädagogik. 4 (1997). S. 537-549. Weinheim: Beltz.

[Fis+11] Fischer, P.; Hofer, P. (2011). Lexikon der Informatik. 14. Auflage. Berlin [u.a.]: Springer-Verlag Berlin Heidelberg.

[Gas19] Gasser, P. (1999). Neue Lernkultur. Eine integrative Didaktik. In: Pädagogik bei Sauerländer. 1. Auflage. Aarau: Sauerländer.

[Grä+17] Gräsel, C.; Trempler, K. (Hrsg.) (2017). Entwicklung von Professionalität pädagogischen Personals. Interdisziplinäre Betrachtungen, Befunde und Perspektiven. Wiesbaden: Springer Fachmedien.

[Gri10] Grieb, P. (2010). Digital Prototyping. Virtuelle Produktentwicklung im Maschinenbau. München: Hanser.

[Gro+18] Grothus, I.; Renz, M.; Rzejak, D. (2018). Recherchen für eine Bestandsaufnahme der Lehrkräftefortbildung in Deutschland. Ergebnisse des Projektes Qualitätsentwicklung in der Lehrkräftefortbildung. In: forum Lehrerfortbildung. 1 (2018). 1. Auflage. Berlin: DVLfB.

[Heh11] Hehenberger, P. (2011). Computerunterstützte Fertigung. Eine kompakte Einführung. Berlin [u.a.]: Springer-Verlag Berlin Heidelberg.

[Hel12] Hellmig, L. (2012). Gestaltung und Evaluation einer Mathematiklehrer-Fortbildung zu Polyvalenten Aufgaben. In: Hochschulschriften zur Mathematik-Didaktik. Münster: WTM.

[Hir+18] Hirsch-Kreinsen, H.; Ittermann P.; Niehaus, J. (Hrsg.) (2018). Digitalisierung industrieller Arbeit. Die Vision Industrie 4.0 und ihre sozialen Herausforderungen. In: Edition Sigma. 2., aktualisierte und erweiterte Auflage. Baden-Baden: Nomos.

[Hil11] Martin Hilbert, Priscila López (2011). The World's Technological Capacity to Store, Communicate, and Compute Information. In: Science, 2011, 332(6025), S. 60–65; martinhilbert.net/WorldInfoCapacity.html

[Hon15] Döbeli Honegger, B.; Merz, T. (2015). Fachdidaktik Medien und Informatik. Ein Beitrag zur Standortbestimmung. In: Beiträge zur Lehrerinnen- und Lehrerbildung 33, S. 256-263. Zürich: SGL.

[Iml+18] Imlig, F.; Lehmann, L.; Manz, K. (2018). Schule und Reform. Veränderungsabsichten, Wandel und Folgeprobleme. In: Educational Governance. Bd. 39. Wiesbaden: Springer Fachmedien.

[ISO10] DEUTSCHES INSTITUT FÜR NORMUNG E.V. (2010). DIN EN ISO 9241 (2010-11-14) Ergonomie der Mensch-System-Interaktion. Deutsche Fassung EN ISO 9240:2010. Berlin: Beuth.

[Kli17] Kliewe, A. (2017). Wie lernen Lehrer? Eine Umfrage unter Lehrerinnen und Lehrern zu ihrem eigenen Lernverhalten. Düsseldorf: Vodafone Stiftung Deutschland.

[KMK04] Kultusministerkonferenz (Hrsg.) (2004). Standards für die Lehrerbildung: Bildungswissenschaften. vom 16.12.2004. Bonn.

[KMK07] Kultusministerkonferenz (Hrsg.) (2007): Handreichung für die Erarbeitung von Rahmenlehrplänen der Kultusministerkonferenz für den berufsbezogenen Unterricht in der Berufsschule und ihre Abstimmung mit Ausbildungsordnungen des Bundes für anerkannte Ausbildungsberufe. Bonn: 2007.

[KMK17] Kultusministerkonferenz (Hrsg.) (2017). Weiterentwicklung von Innovationskraft und Integrationsleistung der beruflichen Schulen in Deutschland in der kommenden Dekade. Bonn: 2007.

[KMK15] Kultusministerkonferenz (Hrsg.) (2015). Rahmenvereinbarung über die Berufsschule. Beschluss-Nr. 323. vom 12.03.2015. Bonn.

[Koc16] Koch, M. (2016). Die dritte Phase der Lehrerqualifizierung. Entwicklungsaufgabe im deutschen Bildungssystem und in der ökonomischen Bildung. In: Zeitschrift für ökonomische Bildung. 4 (2016). S. 1-35. Siegen [u.a.].

[KOM01] Kommission der europäischen Gemeinschaften (Hrsg.) (2001). Einen europäischen Raum des lebenslangen Lernens schaffen. Brüssel: 2001.

[Kre03] Kremer, H.-H. (2003). Handlungs- und Fachsystematik im Lernfeldkonzept. bwp@ Nr. 4. www.bwpat.de/ausgabe4/kremer_bwpat4.shtml. Aufgerufen am: 10.11.2018.

[Lad+18] Ladel, S.; Knopf, J.; Weinberger, A. (Hrsg.) (2018). Digitalisierung und Bildung. Wiesbaden: Springer Fachmedien.

[Leh97] Lehnert, U. (1997). Der EDV-Trainer. EDV-Lehrveranstaltungen planen - EDV-Handhabungswissen vermitteln. 4., ergänzte Auflage. München: R. Oldenbourg.

[Mac+08] Mackowiak, K.; Lauth, G.; Spieß, R. (2008). Förderung von Lernprozessen. In: Module angewandter Psychologie. 1. Auflage. Stuttgart: W. Kohlhammer.

[Mey+13] Meyer, H.; Köller, O. (2013). Was ist eine gute Lehrerin / ein guter Lehrer? Handout der Eröffnungsdiskussion Sommeruni 2013. http://www.cornelsen-stiftung-sommeruni.de/fm/1272/Hand_out_Gute_Lehrer_Cornelsen_Sommeruni_Juli_2013.pdf (21.12.2018).

[MSB18] Ministerium für Schule und Bildung des Landes Nordrhein-Westfalen (Hrsg.) (2018). Vorläufiger Bildungsplan Zerspanungsmechanikerin/ Zerspanungsmechaniker. 4171-12 (2018). Düsseldorf.

[MSB05] Ministerium für Schule und Bildung des Landes Nordrhein-Westfalen (Hrsg.) (2005). Schulgesetz für das Land Nordrhein-Westfalen. SGV. NRW. 223. i. d. F. vom 21.07.2018. Düsseldorf.

[MSB17] Ministerium für Schule und Bildung des Landes Nordrhein-Westfalen (Hrsg.) (2017). Kommunale Bildungs- und Kultureinrichtungen und Schulen sind Bildungspartner in NRW. Gemeinsame Erklärung. www.bildungspartner.schulministerium.nrw.de/Bildungspartner/Veranstaltungen/Dokumentationen/Fotos_Landtag_Unterzeichnung/Unterzeichnete-GE-mit-allen-Agenden.pdf. Aufgerufen am: 19.11.2018.

[Mül+10] Müller, F. H.; Eichenberger, A.; Lüders, M.; Mayr, J. (Hrsg.) (2010). Lehrerinnen und Lehrer lernen. Konzepte und Befunde zur Lehrerfortbildung. Münster: Waxmann.

[Mus+01] Muster-Wäbs, H.; Schneider, K. (2001). Fachbeitrag. Umsetzung des Lernfeldkonzeptes am Beispiel der handlungstheoretischen Aneigenungsdidaktik. In: Bundesinstitut für Berufsbildung (Hrsg.): BWP 1 (2001). S. 44-49. Bonn.

[Rei08] Reich, K. (2008). Konstruktivistische Didaktik. Lehr- und Studienbuch mit Methodenpool. 4. Auflage. Weinheim: Beltz.

[Sch+11] Schubert, S.; Schwill, A. (2011). Didaktik der Informatik. 2. Auflage. Heidelberg: Springer.

[Sei08] Seitz, S. (2008). Der Lehrer als Innovator von Schule. Ein neues Professionsverständnis? In: Schulentwicklung in Forschung und Praxis. Bd. 6. Hamburg: Kovac.

[Sen13] Sendler, U. (2013). Industrie 4.0. Beherrschung der industriellen Komplexität mit SysLM. Berlin [u.a.]: Springer-Verlag Berlin Heidelberg.

[Sta18] Statista (2018). Digitalisierung der Arbeit. Statista-Dossier zur Digitalisierung der Arbeit. Hamburg: Statista.

[Ten06] Tenberg, R. (2006). Didaktik lernfeldstrukturierten Unterrichts. Theorie und Praxis beruflichen Lernens und Lehrens. Hamburg: Handwerk und Technik.

[VDW09] VDW-Nachwuchsstiftung (2009). Impulse geben, Bildung fördern, Chancen sichern. Jahresbericht 2009. Bielefeld.

[Wes+13] Westkämper, E.; Spath, D.; Constantinescu, C.; Lentes, J. (Hrsg.) (2013). Digitale Produktion. Berlin [u.a.]: Springer-Verlag Berlin Heidelberg.

Abbildungsverzeichnis

Tabellenverzeichnis

More Books!

I want morebooks!

Buy your books fast and straightforward online - at one of world's fastest growing online book stores! Environmentally sound due to Print-on-Demand technologies.

Buy your books online at
www.morebooks.shop

Kaufen Sie Ihre Bücher schnell und unkompliziert online – auf einer der am schnellsten wachsenden Buchhandelsplattformen weltweit! Dank Print-On-Demand umwelt- und ressourcenschonend produzi ert.

Bücher schneller online kaufen
www.morebooks.shop

KS OmniScriptum Publishing
Brivibas gatve 197
LV-1039 Riga, Latvia
Telefax: +371 686 204 55

info@omniscriptum.com
www.omniscriptum.com

OMNIScriptum

FSC
www.fsc.org
MIX
Papier | Fördert gute Waldnutzung
FSC® C083411

Kolibri 360 GmbH
Ferdinand-Jühlke-Straße 7
99095 Erfurt, Deutschland
produktsicherheit@kolibri360.de

Druck:
CPI Druckdienstleistungen GmbH
im Auftrag der
Kolibri 360 GmbH
Ferdinand-Jühlke-Str. 7
99095 Erfurt